Nordrhein-Westfälische Akademie der Wissenschaften

Natur-, Ingenieur- und Wirtschaftswissenschaften   Vorträge · N 404

Herausgegeben von der
Nordrhein-Westfälischen Akademie der Wissenschaften

MATTHIAS KRECK

Positive Krümmung und Topologie

Westdeutscher Verlag

382. Sitzung am 4. März 1992 in Düsseldorf

Die Deutsche Bibliothek – CIP-Einheitsaufnahme

Kreck, Matthias:
Positive Krümmung und Topologie / Matthias Kreck. – Opladen: Westdt. Verl., 1994
  (Vorträge / Nordrhein-Westfälische Akademie der Wissenschaften: Natur-, Ingenieur- und Wirtschaftswissenschaften; N 404)

NE: Nordrhein-Westfälische Akademie der Wissenschaften (Düsseldorf): Vorträge / Natur-, Ingenieur- und Wirtschaftswissenschaften

Der Westdeutsche Verlag ist ein Unternehmen der Verlagsgruppe Bertelsmann International.

© 1994 by Westdeutscher Verlag GmbH Opladen

Herstellung: Westdeutscher Verlag

ISSN 0944-8799
ISBN 978-3-531-08404-6   ISBN 978-3-322-86112-2 (eBook)
DOI 10.1007/978-3-322-86112-2

Inhalt

Matthias Kreck, Mainz/Bonn
Positive Krümmung und Topologie

1. Einführung in die Begriffe und Probleme 7
   1.1 Die Objekte moderner Geometrie: Der Begriff der Riemannschen Mannigfaltigkeit 7
   1.2 Was heißt positiv gekrümmt? 10
2. Der Fall von Flächen und dreidimensionalen Mannigfaltigkeiten 14
3. Der Stand der Dinge 17
4. Offene Probleme 23
5. Zum Modulraum der Metriken mit positiver Schnittkrümmung 25
6. Die Wallach Räume und der Beweis von Satz 13 28

Literatur 33

Diskussionsbeiträge
   Professor Dr. rer. nat., Dr. h. c. mult. *Friedrich Hirzebruch;* Professor Dr. rer. nat. *Matthias Kreck;* Professor Dr.-Ing. *Manfred Depenbrock;* Professor Dr. rer. nat. *Wolfgang Priester;* Professor Dr. rer. nat., Dr. sc. techn. h. c. *Bernhard Korte;* Professor Dr. sc. techn., Dr. h. c. mult. *Alfred Fettweis* 35

Mit meinem Vortrag wende ich mich in erster Linie an die Nichtmathematiker und versuche, wesentliche Begriffe, die zentral für die moderne Geometrie sind, vorzustellen, um dann auf eine aktuelle Entwicklung einzugehen und an Hand eines Resultats aus der jüngeren Zeit wenigstens andeutungsweise deutlich zu machen, wie durch Zusammenspiel verschiedener Gebiete der Mathematik mit gezieltem Suchen mittels eines Computers ein sehr konkretes Ergebnis erzielt wurde. In der schriftlichen Ausarbeitung werde ich zunächst in engem Anschluß an den Vortrag vorgehen und eine möglichst elementare Darstellung geben. Ich werde dann etwas systematischer, als es im Vortrag möglich war, über den Stand der Dinge berichten. Abschließend wird das bereits erwähnte Ergebnis angegeben und der Beweis skizziert. Adressaten bleiben in erster Linie die Kollegen aus benachbarten Fachgebieten. Ein ähnlicher Artikel [Kr], der sich aber ausschließlich an Mathematiker richtet, ist vor kurzem erschienen, aus dem ich Teile übernommen habe. Als ich den Vortrag hielt, war ich zu einem dreijährigen Forschungsaufenthalt Gast des MPI für Mathematik in Bonn. Ich möchte mich bei dem Bonner Institut und seinem Direktor, F. Hirzebruch, für die Gastfreundschaft bedanken.

1. Einführung in die Begriffe und Probleme

1.1 Die Objekte moderner Geometrie:
Der Begriff der Riemannschen Mannigfaltigkeit

Setzen wir mit dem Begriff Geometrie an. Geometrie heißt wörtlich übersetzt: Erdvermessung. Wir denken also an die Erde oder genauer die Erdoberfläche. Hier haben wir es bereits mit einem der wichtigsten Objekte zu tun, der zweidimensionalen Sphäre S^2:

Die Einheitssphäre S^2 ist die Menge aller Punkte im dreidimensionalen Euklidischen Raum $\mathbb{R}^3$, die Länge 1 haben. Sie ist das mathematische Modell der Erdoberfläche. Natürlich haben wir es in der modernen Geometrie mit allgemeineren Objekten zu tun, aber bleiben wir für einen Moment bei der Erdvermessung. Was vermessen wir? Wir vermessen die Abstände zwischen zwei Punkten x und y auf S^2 und zwar dadurch, daß wir ein Seil zwischen x und y möglichst straff aufspannen, wobei das Seil auf der Sphäre verläuft:

Der Abstand $d(x,y)$ ist die Länge des Seils. Solch ein straff gespanntes Seil nennen wir *Geodätische*.

Folgende elementare Eigenschaften des Abstandes, den wir **Metrik** nennen, sind plausibel. Für beliebige Punkte x, y und z gilt:
I) $d(x,y) = 0 \iff x = y$
II) $d(x,y) = d(y,x)$
III) $d(x,z) \leq d(x,y) + d(y,z)$

Daß die Erdoberfläche der Prototyp für **gekrümmte** Geometrie ist, liegt an einer weiteren fundamentalen Eigenschaft: Wir können die Erde **lokal parametrisieren**, d. h. zu jedem Punkt x in S^2 können wir einen kleinen Bereich um x (Umgebung) **stetig** durch zwei lokale Parameter (Koordinaten) y_1, y_2 eindeutig beschreiben, z. B. durch die Abstände von zwei verschiedenen Geodätischen durch x:

Eine lokale Parametrisierung nennt man **Karte**. Eine Menge von Karten, die ganz S^2 überdeckt, heißt **Atlas**. Ich habe das Adjektiv „gekrümmt" betont, weil das ein Hauptunterschied der modernen Geometrie zur klassischen, an Euklid orientierten, Geometrie ist, daß man in der klassischen Geometrie Räume betrachtet, die man global parametrisieren kann, wie z. B. Geraden und Ebenen, während die auf Riemann fußende Geometrie durch die Loslösung von global zu beschreibenden Objekten kompliziertere Phänomene, und dazu gehört besonders die Krümmung, beschreiben und untersuchen kann.

Nun haben wir einige zentrale Eigenschaften der Geometrie kennengelernt und können die Erdoberfläche (= S^2) verallgemeinern.

Definition: *Eine n-dimensionale metrische Mannigfaltigkeit ist eine Menge M zusammen mit einer Abstandsfunktion (**Metrik**) d, die je zwei Punkten x, y in M eine reelle Zahl d(x, y) ≥ 0 zuordnet, so daß die Eigenschaften I–III gelten und, zusammen mit einem **Atlas** von Karten, die Umgebungen von Punkten in M durch n lokale Parameter stetig eindeutig parametrisieren.*

Man kann die Idee des Mannigfaltigkeitsbegriffs dadurch verdeutlichen, daß unsere reale Erfahrung sowohl für die Erdoberfläche wie den Raum, in dem wir leben, wie den Raum-Zeit Kosmos eine **lokale** ist und uns lehrt, daß es in unserer Nähe aussieht wie im Euklidischen Raum. Deshalb habe ich in den folgenden Bildern manchmal eine Person eingezeichnet und den Bereich, den sie überblicken kann.

Bemerkung: Wie die Mathematiker unter den Lesern wissen, verlangen wir üblicherweise mehr Eigenschaften, insbesondere Differenzierbarkeit des Atlas und der Metrik, was z. B. anschaulich bedeutet, daß eine Mannigfaltigkeit keine Ecken oder Kanten hat, sondern glatt ist. Wenn man diese Differenzierbarkeitseigenschaften fordert, erhält man den Begriff der **Riemannschen Mannigfaltigkeit,** d heißt dann **Riemannsche Metrik.** Alles folgende bezieht sich auf Riemannsche Mannigfaltigkeiten, aber für den Nichtmathematiker reicht es völlig, an metrische Mannigfaltigkeiten zu denken.

Beispiele:

i) Der n-dimensionale Euklidische Raum $\mathbb{R}^n$ mit Metrik $d(x, y) = \sqrt{\sum (x_i - y_i)^2}$ ist n-dimensionale Mannigfaltigkeit. Ein Atlas kann hier ganz klein gewählt werden, nämlich als Umgebung für einen beliebigen Punkt kann man ganz $\mathbb{R}^n$ nehmen und als Parametrisierung die Identität.

ii) $S^n = \{x \in \mathbb{R}^{n+1} | d(x, 0) = 1\}$. Hier nimmt man, wie oben für den Fall S^2 beschrieben, als Abstand die Bogenlänge eines Großkreises, der x mit y verbindet. Man kommt in diesem Fall, wie man sich recht gut auch anschaulich klarmachen kann, nicht mit einer einzigen Karte aus. Ein minimaler Atlas wird z. B. dadurch erhalten, daß man die Sphäre einmal zentral vom Nordpol aus und einmal zentral vom Südpol aus auf den Teilraum $\mathbb{R}^{n-1}$, bestehend aus allen Punkten mit letzter Koordination $x_n = 0$, projiziert.

iii) projektive Räume = Menge der Geraden durch 0 in
    a) $\mathbb{R}^{n+1}$, Bezeichnung: $\mathbb{R}P^n$
    b) $\mathbb{C}^{n+1}$, Bezeichnung: $\mathbb{C}P^n$
    c) $\mathbb{H}^{n+1}$, Bezeichnung: $\mathbb{H}P^n$,
wo $\mathbb{C}$ die komplexen Zahlen und $\mathbb{H}$ die Quaternionen sind. Ein minimaler Atlas hat in diesen Fällen $n + 1$ Karten, eine Tatsache, zu deren Beweis man schon kompliziertere Methoden aus der algebraischen Topologie benötigt.

1.2 Was heißt positiv gekrümmt?

Das anschauliche Stichwort heißt **Konvexität.** Viele n-dim Mannigfaltigkeiten treten in natürlicher Weise als Rand von einer $(n + 1)$-dimensionalen Mannigfaltigkeit auf, z. B. die Erdoberfläche als Rand der vollen Erdkugel. Wir sagen nun, daß eine metrische Mannigfaltigkeit V, die als Rand einer metrischen Mannigfaltigkeit W auftritt, **konvex** ist, wenn sich je zwei Punkte im Inneren von W durch eine ganz im **Inneren** verlaufende kürzeste Kurve (= Geodätische) verbinden lassen:

Positive Krümmung und Topologie

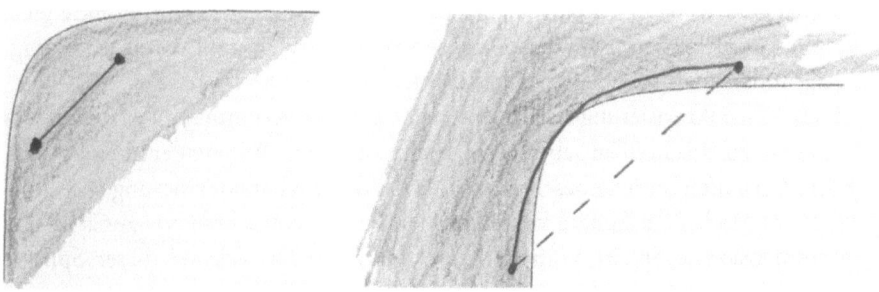

konvex   nicht konvex

Da nicht jede Mannigfaltigkeit in so natürlicher Weise Rand einer anderen ist, verwendet man zur Charakterisierung von Konvexität einer beliebigen metrischen Mannigfaltigkeit ein etwas indirektes Kriterium.

Definition: *Eine metrische n-dimensionale Mannigfaltigkeit M ist überall konvex oder hat positive Krümmung, wenn für jede n-dimensionale Teilmannigfaltigkeit W in M mit Rand V gilt: Für alle genügend kleinen $\epsilon > 0$ hat W_ϵ konvexen Rand, wo W_ϵ die Menge der Punkte in W ist, deren Abstand zu V kleiner als ϵ ist.*

Beispiele:

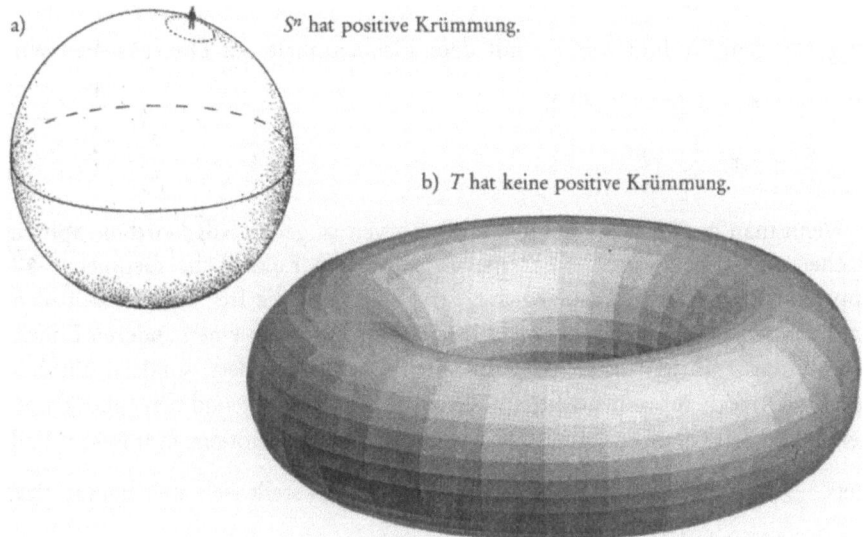

a) S^n hat positive Krümmung.

b) T hat keine positive Krümmung.

Genauer ist es beim Torus T (Fahrradschlauch) so, daß es sowohl Punkte gibt, wo die Metrik positiv ist, wie solche, wo sie negativ ist, und damit aus Stetigkeitsgründen auch welche, wo sie Null ist.

Diese Charakterisierung der Eigenschaft „positive Krümmung" ist besonders elementar zu beschreiben, aber nicht leicht zu testen. Wir wollen deshalb eine andere Charakterisierung beschreiben. Da die obige Charakterisierung von Positivität am Modell der Sphäre vorgenommen wurde, betrachten wir zunächst die zweidimensionale Sphäre vom Radius r. Sei T ein Dreieck auf dieser Sphäre, dessen Seiten aus Geodätischen bestehen:

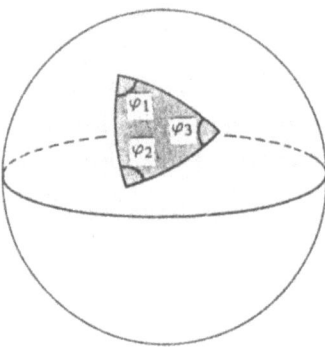

Bereits auf dem Niveau der Schulmathematik kann man zeigen, daß sich der Satz über der Winkelsumme eines ebenen Dreiecks (Summe der Winkel ist gleich π) wie folgt modifiziert: Die Differenz aus der Summe der Winkel und π ist gleich dem Produkt von $\frac{1}{r^2}$ mit dem Flächeninhalt des Dreiecks, den wir auch wieder T nennen wollen:

$$\sum_{i=1}^{3} \varphi_i - \pi = \frac{1}{r^2} \cdot T.$$

Wenn man in dieser Formel den Radius gegen ∞ gehen läßt, wird die Sphäre flacher und flacher, um immer mehr die übliche Euklidische Geometrie zu approximieren, was in Einklang mit der Formel ist, die für r gegen ∞ in den Satz von Thales $\sum_{i=1}^{3} \varphi_i = \pi$ übergeht. Man kann aber auch einen anderen Limesprozeß durchführen, indem man die Sphäre nicht verändert, sondern stattdessen das Dreieck auf seinen Mittelpunkt x schrumpfen läßt und den Quotienten der linken Seite der Gleichung mit T verfolgt. Da der Quotient in unserem Fall stets $\frac{1}{r^2}$ ist, passiert hier nichts Überraschendes. Es stellt sich aber heraus, daß für beliebige Flächen und geodätische Dreiecke auf ihnen der Ausdruck

$$\frac{\sum_{i=1}^{3} \varphi_i - \pi}{T}$$

konvergiert, falls man das Dreieck auf einen Punkt x schrumpfen läßt, obwohl Zähler und Nenner gegen Null gehen. Und zwar konvergiert es gegen einen Ausdruck, der unabhängig davon ist, wie wir das Dreieck schrumpfen lassen. Diesen Grenzwert nennt man die **Gaußkrümmung an der Stelle** x: $K(x)$. Im Falle der Sphäre vom Radius r ist die Gaußkrümmung also gleich $K(x) = \frac{1}{r^2}$.

Nun ist es nicht besonders überraschend, daß man den Begriff positiv gekrümmt für Flächen mit Hilfe der Gaußkrümmung erklären kann, nämlich dadurch, daß sie größer oder gleich Null ist.

Um ein Maß für Krümmung bei allgemeinen metrischen Mannigfaltigkeiten einzuführen, führt man die Schnittkrümmung ein, die in der folgenden Weise auf der Gaußkrümmung von Flächen beruht: Sei M eine n-dimensionale Mannigfaltigkeit mit Metrik d und F ein kleines Flächenstück in M, das totalgeodätisch ist, d. h., Geodätische von F sind auch Geodätische von M, es gibt also in M keine noch kürzere Verbindungskurve. Es stellt sich heraus, daß die Gaußkrümmung von F an der Stelle x in F nur vom Tangentialraum L der Fläche abhängt. Also definieren wir die **Schnittkrümmung** als $K(L) := K(F, x)$. Nun kann man Positivität von M dadurch charakterisieren, daß $K(L) \geq 0$ für alle Tangentialebenen von M gilt. Man sagt, daß die Schnittkrümmung **strikt positiv** ist, wenn $K(L) > 0$ ist für alle Tangentialebenen L.

Wir können nun das Hauptproblem zum Themenkomplex „positive Krümmung und Topologie" formulieren:

Problem: *Beschreibe alle strikt positiv gekrümmten Riemannschen Mannigfaltigkeiten.*

Wir wollen dabei stets annehmen, daß die Metrik vollständig ist, das heißt, daß jede sogenannte Cauchy-Folge konvergiert. Ein Grund, warum wir das tun wollen, ist, daß wir auf diese Weise Beispiele ausschließen, die z. B. durch Weglassen eines Punktes aus einer gegebenen Mannigfaltigkeit entstehen. Solche Beispiele liefern nichts wirklich Neues, da man sie durch Hinzunahme des Punktes halt vollständiger machen kann. Ein weiterer Grund ist die Tatsache, daß vollständige Mannigfaltigkeiten kompakt sind, wenn sie nur endlichen Durchmesser haben. Wir wollen ferner annehmen, daß alle Mannigfaltigkeiten **zusammenhängend** sind, d. h., je zwei Punkte lassen sich durch einen Weg verbinden.

Es hat sich bei diesem und bei vielen anderen ähnlichen Problemen als sehr nützlich herausgestellt, eine etwas gröbere Einteilung von Mannigfaltigkeiten vorzunehmen. Man bezeichnet zwei Mannigfaltigkeiten als **diffeomorph,** wenn es eine bijektive in beiden Richtungen differenzierbare Abbildung zwischen ihnen gibt. „Diffeomorph" ist eine Kurzform von differenzierbar isomorph, wobei isomorph wörtlich bedeutet: von gleicher Gestalt. Man stelle sich das so vor, daß die Mannigfaltigkeiten aus einer beliebig dehnbaren Gummihaut bestehen. Diffeomorph bedeutet nun, daß man die eine Mannigfaltigkeit über die andere stülpen kann, so daß keine Kanten oder allgemeiner nicht glatte Stellen entstehen, denn das ist die Bedeutung der Differenzierbarkeit. Wenn man diesen Begriff hat, kann man das obige Problem so umformulieren: Welche Gestalt haben die Mannigfaltigkeiten mit strikt positiver Schnittkrümmung? Dabei ist die Hoffnung, daß es reicht, eine relativ übersichtliche Klasse von Mannigfaltigkeiten anzugeben, so daß jede Mannigfaltigkeit mit strikt positiver Metrik diffeomorph zu einer dieser Mannigfaltigkeiten ist.

Zum Abschluß dieser Einführung möchte ich darauf hinweisen, daß man den Begriff Metrik in natürlicher Weise zum Begriff der **Pseudometrik** verallgemeinern kann. Diese stellt man sich am besten als Pseudometrik auf den Tangentialräumen an jeder Stelle der Mannigfaltigkeit vor. Eine Pseudometrik auf einem endlich-dimensionalen Vektorraum ist dabei eine nichtentartete symmetrische Billinearform, die im Gegensatz zur „echten" Metrik nicht positiv definit zu sein braucht. Es können also sowohl negative wie positive Eigenwerte auftreten. Am bekanntesten ist der Fall von vierdimensionalen Mannigfaltigkeiten mit Pseudometrik, bei der drei postive und ein negativer Eigenwert auftreten, denn dies sind die der Einsteinschen Relativitätstheorie zugrundeliegenden Mannigfaltigkeiten, die auch als Lorentz-Mannigfaltigkeiten bezeichnet werden. Auch bei Pseudometriken kann man den Begriff der Krümmung einführen. Im Zusammenhang mit kosmologischen Problemen sind Physiker, wie mir Herr Priester mitteilte, ebenfalls an der Frage interessiert, ob der Kosmos positive Krümmungseigenschaften hat, also geometrisch gesprochen Konvexitätseigenschaften hat (vgl. dazu den Beitrag von Herrn Priester in der Diskussion). Natürlich kann man solche Fragen nur unter geeigneten Zusatzannahmen wie z. B. Homogenität oder Isotropie angehen.

2. Der Fall von Flächen und dreidimensionalen Mannigfaltigkeiten

Die einzigen Dimensionen, wo man das Hauptproblem bisher vollständig beantworten konnte, sind zwei und drei. Wir nennen zweidimensionale Mannigfaltigkeiten auch **Flächen.**

Satz 1. *Eine vollständige zweidimensionale Riemannsche Mannigfaltigkeit M mit strikt positiver Schnittkrümmung ist diffeomorph zu S^2 oder $\mathbb{R}P^2$ (reelle projektive Ebene).*

Es ist nicht klar, wem dieser Satz zuzuschreiben ist. Wahrscheinlich ist er seit mindestens 60 Jahren „Folklore". Der Beweis ergibt sich aus drei allgemeineren Sätzen, die wir im folgenden kurz diskutieren wollen.

Beweisskizze:

a) M ist kompakt. Dies folgt aus dem folgenden allgemeineren Satz (der sogar noch unter schwächeren Bedingungen gilt).

Satz 2 (Bonnet, Myers [M, 1935]). *Eine vollständige Riemannsche Mannigfaltigkeit (M, g) mit Schnittkrümmung $K \geq \delta > 0$ ist kompakt.*

Dieser Satz wird gezeigt, indem nachgewiesen wird, daß der Durchmesser der Fläche durch das Minimum der Krümmung nach oben beschränkt ist. Aber wie in Kapitel 1 erwähnt, ist eine vollständige metrische Mannigfaltigkeit mit einem endlichen Durchmesser kompakt.

b) Als zweites wird der Satz von Gauß-Bonnet benutzt. Dieser setzt das Integral über die Schnittkrümmung, die ja für Flächen eine reellwertige Funktion $K(x)$ ist, mit einer topologischen (kombinatorischen) Invariante, der Eulerschen Charakteristik $e(M)$, in Verbindung. Diese ist wie folgt definiert: Man überziehe die Fläche mit einem Netz aus Dreiecken, man ziehe ihr sozusagen eine Netzstrumpfhose an. Dann ist

$$e(M) := E + K - F,$$

wo E = Anzahl der Eckpunkte, K = Anzahl der Kanten und F = Anzahl der Flächenstücke ist. Z. B. ist

$$e(S^2) = 2$$
$$e(\mathbb{R}P^2) = 1$$
$$e(T) = 0,$$

wo T der Torus ist, also die Form eines Fahrradschlauchs hat.

Satz 3 (Gauß-Bonnet).

$$\frac{1}{2\pi} \int_M K(x) dx = e(M)$$

c) Zum dritten wird die Klassifikation der kompakten Flächen benutzt. Zunächst sei ein allgemeiner Begriff eingeführt. Eine Fläche heißt **orientierbar,** wenn jede glatt in der Fläche liegende Kurve in der Nähe wie ein Kreisring aussieht:

Zum Beispiel ist S^2 orientierbar, während das im nachfolgenden Bild dargestellte Möbiusband nicht orientierbar ist. Ebenso ist $\mathbb{RP}^2$ nicht orientierbar.

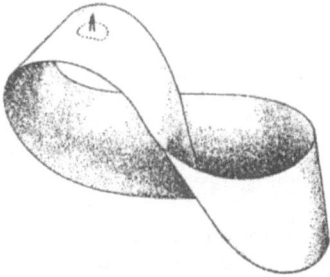

Satz 4. *Zwei kompakte Flächen M_0 und M_1 sind genau dann diffeomorph, wenn sie entweder beide orientierbar oder beide nicht orientierbar sind **und** gleiche Eulersche Charakteristik haben:*

$e(M_0) = e(M_1)$.

Die Eulersche Charakteristik ist stets kleiner oder gleich 2.

d) Damit ergibt sich nun Satz 1 folgendermaßen. Nach Voraussetzung gilt für alle Punkte x in M: $K(x) \geq \delta > 0$. Also ist die Fläche nach a) kompakt und nach b) gilt $e(M) > 0$. Wegen c) ist M diffeomorph zu S^2 oder zur projektiven Ebene $\mathbb{RP}^2$.
q. e. d.

Es sei an dieser Stelle schon darauf hingewiesen, daß dieser Beweis wenig Hoffnung auf Verallgemeinerung in höheren Dimensionen macht, da es in keiner anderen Dimension eine vollständige Klassifikation der kompakten Mannigfaltigkeiten gibt. Mehr noch, man kann sogar beweisen, daß eine Klassifikation von Mannigfaltigkeiten der Dimension größer als 4 nicht durchführbar ist (was allerdings nicht bedeutet, daß das auch für die spezielle Klasse aller Mannigfaltigkeiten gilt, die eine strikt positive Metrik zulassen).

In der Dimension 3 kennt man die Antwort auch:

Satz 5 [Hal, 1982]. *Eine dreidimensionale Mannigfaltigkeit mit Metrik, deren Schnittkrümmung die Bedingung $K \geq \delta > 0$ erfüllt, ist diffeomorph zu einer linearen sphärischen Raumform.*

Die dreidimensionalen linearen sphärischen Raumformen sind vollständig bekannt. Die Liste findet man in ([Wo], Seite 224). Ich werde an dieser Stelle nicht auf den Beweis eingehen, weil wir später den Beweis einer allgemeineren Aussage skizzieren werden (Satz 11). Der Beweis benutzt übrigens eine schwächere Voraussetzung: Der Satz stimmt auch, wenn die Mannigfaltigkeit nur positive Ricci-Krümmung besitzt. Die Ricci-Krümmung erhält man aus der Schnittkrümmung durch einen Verjüngungsprozeß.

3. Der Stand der Dinge

Wir hatten schon im letzten Paragraphen darauf hingewiesen, daß der Satz 2 von Bonnet bzw. Myers impliziert, daß es eine endliche einfach-zusammenhängende Überlagerung einer strikt positiv gekrümmten Mannigfaltigkeit M gibt. Man kann diese Information auch so ausdrücken, daß die Fundamentalgruppe von M endlich ist. Für gerade-dimensionale Mannigfaltigkeiten kann man sogar mehr sagen.

Satz 6 (Synge [Sy, 1936]). *Eine vollständige Riemannsche Mannigfaltigkeit (M, g) mit Schnittkrümmung $K \geq \delta > 0$, deren Dimension gerade ist, ist einfach-zusammenhängend, wenn sie orientierbar ist, und besitzt eine zweifache einfach-zusammenhängende Überlagerung, wenn sie nicht orientierbar ist.*

In der Sprache von Fundamentalgruppen bedeutet dies, daß die Fundamentalgruppe im orientierten Fall trivial ist und im anderen Fall die Ordnung 2 hat.

Die bisher erwähnten Resultate geben im wesentlichen wieder, was man bis zu den dreißiger Jahren zum Hauptproblem wußte. Insbesondere soll noch einmal festgehalten werden, daß man kaum Beispiele von positiv gekrümmten Mannigfaltigkeiten kannte. Genauer sollte man das Hauptproblem differenziert betrachten, indem man zunächst alle einfach-zusammenhängenden Mannigfaltigkeiten bestimmt, die diffeomorph zu einer strikt positiv gekrümmten Mannigfaltigkeit sind, und dann die davon abgeleiteten, die diese als Überlagerung haben. Das letztere Problem wollen wir aber nun außer acht lassen. Wir werden nun also stets voraussetzen, daß die Mannigfaltigkeiten einfach-zusammenhängend sind. Dann war der Stand der Dinge in den dreißiger Jahren, daß die einzigen bekannten Beispiele die offensichtlichen sind, nämlich die Sphären und komplexen bzw. quaternionalen projektiven Räume.

Wenn man sich den gewaltigen Aufschwung der Mathematik, besonders in den Bereichen Geometrie und Topologie in den letzten fünfzig Jahren vor Augen führt, so stellt man mit Erstaunen fest, daß es seitdem, was unser Beispielmaterial betrifft, kaum Fortschritte gegeben hat. Dies wird an der folgenden Tatsache verdeutlicht:

Die einzigen bekannten Beispiele von einfach-zusammenhängenden Mannigfaltigkeiten der Dimension größer als 24, die diffeomorph zu einer mit strikt positiv gekrümmter Metrik sind, sind die Sphären und projektiven Räume über den komplexen Zahlen bzw. den Quaternionen.

Diese Beispiele sind sogenannte **homogene Räume.** Homogen bedeutet umgangssprachlich, daß die Mannigfaltigkeit überall gleich aussieht. Mathematisch drückt man das so aus, daß es zu je zwei Punkten x und y in der Mannigfaltigkeit eine Isometrie der Mannigfaltigkeit in sich gibt, die x auf y abbildet. Dabei ist eine Isometrie ein Diffeomorphismus f der Mannigfaltigkeit in sich, der die Metrik erhält, d. h. wenn u und v den Abstand d haben, so haben auch $f(u)$ und $f(v)$ den Abstand d. Die homogenen Räume (für die Mathematiker unter den Lesern sei bemerkt, daß wir homogene Räume als Riemannsche Mannigfaltigkeiten betrachten, insbesondere die Metrik stets eine homogene Metrik ist) sind einerseits sehr spezielle Mannigfaltigkeiten, andererseits aber so interessant, daß sich die Frage stellt, ob man das Hauptproblem wenigstens für diese Objekte beantworten kann. Dies ist tatsächlich der Fall, denn zwischen 1963 und 1976 wurde das folgende gezeigt.

Satz 7 (Berger [B, 1963], Wallach [W, 1972], Allof-Wallach [AW, 1975], Berard Bergery [BB, 1976]). *Die einzigen einfach-zusammenhängenden kompakten homogenen Räume, die eine homogene Metrik mit strikt positiver Schnittkrümmung zulassen, sind die Sphären, projektiven Räume über den komplexen Zahlen bzw. Quaternionen, und darüber hinaus je ein Beispiel in den Dimensionen 6, 7, 12, 13, 16, 24 und eine unendliche Familie in der Dimension 7, die Wallach Räume (siehe Kapitel 6).*

Erst in den achtziger Jahren wurden die ersten nicht-homogenen Beispiele durch Eschenburg gefunden.

Satz 8 (Eschenburg [E1, E2, 1982/1984]). *Es gibt eine nicht-homogene kompakte einfach-zusammenhängende sechsdimensionale Mannigfaltigkeit, einen Doppelquotienten $SU(3)/_{S^1 \times S^1}$, sowie eine unendliche Familie von kompakten nicht-homogenen einfach-zusammenhängenden siebendimensionalen Mannigfaltigkeiten, Doppelquotienten der Form $SU(3)/_{S^1}$, die eine Metrik mit strikt positiver Schnittkrümmung zulassen.*

Soweit mir bekannt sind dies alle in der Literatur vorkommende Beispiele einfach-zusammenhängender Mannigfaltigkeiten mit strikt positiver Metrik.

Wenn man diese Sätze sieht, so stellt sich die Frage, ob diese Informationslage vielleicht damit korrespondiert, daß man weiß, daß die meisten Mannigfaltigkeiten gar keine Metrik mit positiver Schnittkrümmung zulassen können. Aber auch das ist weitgehend offen. Im folgenden sollen die wenigen Sätze vorgestellt werden, die inzwischen bekannt sind. Diese beruhen auf der Entwicklung der Theorie der charakteristischen Klassen, der globalen Analysis mit den Indexsätzen von Atiyah und Singer, der K-Theorie, der Vergleichssätze von Toponogov oder auch der Morse-Theorie. Zur Verdeutlichung der Situation sei noch einmal darauf hingewiesen, daß bis 1960 kein einziges topologisches Hindernis für die Existenz strikt positiver Metriken auf *einfach-zusammenhängenden* kompakten Mannigfaltigkeiten bekannt war.

Eine Kombination der im Zusammenhang mit ähnlichen Fragestellungen entwickelten Bochner-Methode mit dem Atiyah-Singer-Indexsatz führte zu Beginn der sechziger Jahre zum ersten topologischen Hindernis im einfach-zusammenhängenden Fall. Es geht dabei sogar um Hindernisse für ein viel schwächeres Ziel, nämlich die Existenz einer Metrik mit positiver Skalarkrümmung. Die *Skalarkrümmung k* erhält man durch Mitteln der Schnittkrümmung über alle Tangentialebenen, sie ist also eine Funktion

$k : M \to \mathbb{R}$.

Wenn eine Metrik strikt positive Schnittkrümmung hat, ist natürlich auch die Skalarkrümmung strikt positiv.

Satz 9 (Lichnerowicz [L, 1963]). *Sei M eine Mannigfaltigkeit, die eine Spin-Struktur besitzt. Wenn es eine Metrik mit strikt positiver Skalarkrümmung k gibt, so gilt $\hat{A}(M) = 0$.*

Dabei hat eine n-dimensionale Mannigfaltigkeit eine Spin-Struktur, wenn sie orientierbar ist und jede in M enthaltene zweidimensionale Sphäre S^2 eine Umgebung der Gestalt $S^2 \times D^{n-2}$ hat, wobei $D^{n-2} := \{x \in \mathbb{R}^{n-2} \mid \|x\| \leq 1\}$ die Einheitsscheibe im Euklidischen Raum $\mathbb{R}^{n-2}$ ist. Das **Â-Geschlecht** $\hat{A}(M) \in \mathbb{Z}$ wurde von Hirzebruch [Hir] eingeführt und spielt eine große Rolle in Topologie und Analysis. Es ist eine Linearkombination von sogenannten Pontrjagin-Zahlen [Hir, S. 197]. Die Verbindung zur Analysis wird durch den Atiyah-Singer-Indexsatz [AS] hergestellt, denn das Â-Geschlecht ist der Index des **Dirac-Operators** $D(M)$

ind $D(M) = \hat{A}(M)$.

Es ist hier nicht der geeignete Ort, um so subtile Begriffe wie Pontrjagin-Zahlen oder Differentialoperatoren und deren Index zu definieren. Damit aber ein gewisser Eindruck entsteht, seien ein paar Worte der Erläuterung gegeben. Wir hatten im letzten Paragraphen die Eulersche Charakteristik einer Fläche eingeführt. Sie ist eine kombinatorische Invariante, die man aus einer Zerlegung der Mannigfaltigkeit in einfache Stücke wie Dreiecke gewinnen kann. Auch die Pontrjagin-Zahlen sind kombinatorische Invarianten, die man aus einer geeigneten Zerlegung der Mannigfaltigkeit in geeignete Stücke ablesen kann. Es muß allerdings hinzugefügt werden, daß eine solche Beschreibung im Gegensatz zur Eulerschen Charakteristik völlig uneffektiv ist, mehr noch, in höheren Dimensionen ist noch nicht einmal eine explizite Formel bekannt. Man rechnet Pontrjagin-Zahlen deshalb auch auf andere Weise aus. Was Differentialoperatoren und besonders den Dirac-Operator betrifft, so denke man an eine lineare Abbildung auf einem Vektorraum von Funktionen auf der Mannigfaltigkeit, die sich durch Ableitungen beschreiben läßt. Wenn der Operator **elliptisch** ist, so ist die Dimension des Raumes der Lösungen endlich, ebenso die Dimension der Lösungen des adjungierten Operators. Die Differenz dieser Dimensionen nennt man den Index des Operators, den man mit *ind* abkürzt. Der Dirac-Operator ist ein Operator, der in lokalen Koordinaten wie der in Physik bekannte Operator hingeschrieben wird. Daß man daraus einen global definierten Operator zusammensetzen kann, liegt daran, daß M eine Spin-Struktur besitzt.

Beweisskizze von Satz 9: Es gibt eine Beziehung zwischen dem Dirac-Operator und der Skalarkrümmung, die sogenannte Weitzenböck-Formel. Aus dieser Formel folgt, daß, wenn die Skalarkrümmung $k > 0$ ist, sowohl der Dirac-Operator wie der zugehörige adjungierte Operator keine nicht-trivialen Lösungen hat. Also ist der Index Null. Nach dem oben zitierten Atiyah-Singer-Indexsatz [AS] ist ind $D(M) = \hat{A}(M)$ und somit folgt die Behauptung, da ind $D(M) = 0$. q. e. d.

Eine elementare Eigenschaft der Pontrjaginklassen ist, daß sie für Mannigfaltigkeiten verschwinden, deren Dimension nicht durch 4 teilbar ist. Deshalb gilt $\hat{A}(M) = 0$ für dim $M \neq 0$ mod 4. Der erste interessante Fall ist die Dimension 4. Eine der wichtigsten 4-Mannigfaltigkeiten ist die $K3$-Fläche $K := \{[z_0, z_1, z_2, z_3] \in \mathbb{CP}^3 | \sum z_i^4 = 0\}$. Sie hat eine Spin-Struktur. $\hat{A}(K) = -\frac{1}{24} \int_K p_1(K)$ und die erste Pontrjagin-Zahl von K ist: $\int_K p_1(K) = -48$. Also ist $\hat{A}(K) = 2 \neq 0$ und somit läßt die $K3$-Fläche keine Metrik mit strikt positiver Skalarkrümmung zu und erst recht nicht mit strikt positiver Schnittkrümmung. Da die $K3$-Fläche kompakt und einfach zusammenhängend ist, gibt es also Mannigfaltigkeiten mit diesen Eigenschaften, die keine strikt positive Metrik zulassen. Durch Bildung des n-fachen Produkts erhält man solche Beispiele in allen durch 4 teilbaren Dimensionen.

Unter Verwendung ähnlicher Argumente wie beim Beweis von Satz 9 und dem Indexsatz für eine Familie von Dirac-Operatoren hat Hitchin 1973 den Satz von Lichnerowicz verallgemeinert. Und zwar kann man das $\hat{A}$-Geschlecht auch K-theoretisch beschreiben. Der Vorteil dieser Beschreibung ist, daß man auf diesem Weg auch eine interessante Invariante in nicht durch 4 teilbaren Dimensionen bekommt, genauer für Dimensionen der Gestalt $n = 1 + 8k$ oder $n = 2 + 8k$, und man bezeichnet sie als α-Invariante: $\alpha(M) \in \mathbb{Z}/2$. Es gilt dann

Satz 10 (Hitchin [Hit, 1973]). *Falls M eine kompakte Spin-Mannigfaltigkeit der Dimension $n = 1 + 8k$ oder $n = 2 + 8k$ ist und eine Metrik mit Skalarkrümmung $k \geq 0$ und $k \neq 0$ zuläßt, gilt $\alpha(M) = 0$.*

Der Satz läßt eine besonders interessante Anwendung zu. Aus Arbeiten von Adams [Ad] und Kervaire-Milnor [KM] folgt, daß es in allen Dimensionen $n = 1,2 \mod 8$ und $n > 8$ eine sogenannte exotische Sphäre Σ gibt mit $\alpha(\Sigma) \neq 0$. Dabei ist eine exotische Sphäre eine Mannigfaltigkeit, die man bijektiv in beiden Richtungen stetig auf die Sphäre S^n abbilden kann (man sagt dann, daß die beiden Mannigfaltigkeiten **homöomorph** sind), die aber nicht diffeomorph zu S^n ist. Man stelle sich das anschaulich so vor, daß man die Mannigfaltigkeit über die S^n stülpen kann, aber daß, wie man es auch macht, dabei immer Stellen vorkommen, die nicht glatt sind, wo es also Kanten oder Ecken gibt. Aus dem Satz von Hitchin folgt nun, daß man so Beispiele von exotischen Sphären erhält, die keine strikt positiven Metriken zulassen, d. h. der Unterschied zur Standardsphäre S^n ist sehr groß. Durch eine einfache Konstruktion erhält man sogar:

Zu jeder kompakten Spin-Mannigfaltigkeit M^n der Dimension $n = 1 + 8k$ oder $n = 2 + 8k$ und $k > 0$ gibt es eine andere Mannigfaltigkeit N, die homöomorph zu M ist, welche keine strikt positive Metrik besitzt.

Dies ist ein völlig neues Phänomen gegenüber den niedrigen Dimensionen 2 und 3, wo das nicht passieren kann.

Die Sätze von Lichnerowicz und Hitchin sind anschaulich nicht gut zu erklären, dafür ist der Beweis recht einfach (unter Verwendung schwieriger Sätze wie dem Indexsatz). Der folgende Bettizahlensatz von Gromov ist vielleicht eher plausibel, aber der Beweis ist ziemlich trickreich. Wir haben die Eigenschaft einer Metrik, strikt positive Schnittkrümmung zu haben, geometrisch so gedeutet, daß die Winkelsumme in einem geodätischen infinitesimalen Dreieck größer als π ist. Das führt zu einer anderen anschaulichen Deutung, nämlich daß geodätische Flächenstücke konvex sind, was wiederum impliziert, daß sich geodätische Kurven wie in dem folgenden Bild zusammenziehen.

Dies Phänomen weist anschaulich darauf hin, daß die Fundamentalgruppe nicht zu groß werden kann, und in der Tat haben wir schon bemerkt, daß sie endlich ist. Die Fundamentalgruppe ist eine Art Maß für die Anzahl der zweidimensionalen Löcher. Für $(n+1)$-dimensionale Löcher ist ein Maß durch die n-te Bettizahl, also den Rang der n-ten Homologie gegeben, wobei noch ein Grundkörper F, über dem Homologie gebildet wird, frei gewählt werden kann. Wir bezeichnen diese Bettizahl mit $b_n(M; F)$. Man kann sich fragen, ob positive Metriken Schranken an die Bettizahlen implizieren, und das ist tatsächlich der Fall.

Satz 11 (Gromov [G, 1981]). *Es gibt eine Konstante $c(n)$, so daß für jede n-dimensionale Riemannsche Mannigfaltigkeit (M, g) mit nicht-negativer Schnittkrümmung und jeden Körper F gilt:*

$$\sum_{i=0}^{n} b_i(M; F) \leq c(n).$$

Der Beweis ist ziemlich kompliziert und auf den Versuch einer Skizze soll hier verzichtet werden. Es soll aber eine wichtige Konsequenz gezogen werden. Man kann aus zwei n-dimensionalen Mannigfaltigkeiten M und N eine neue bilden, indem man in beide ein Loch in Form eines n-dimensionalen Balles D^n schneidet, und dann die entstehenden Ränder verklebt, wie im folgenden Bild dargestellt. Man nennt die resultierende Mannigfaltigkeit die **zusammenhängende Summe** und bezeichnet sie mit $M \# N$:

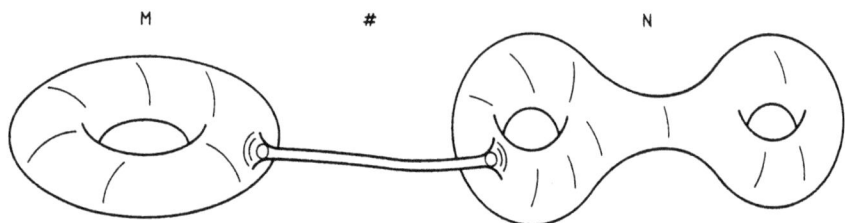

Es ist eine interessante Frage, wann die zusammenhängende Summe zweier Mannigfaltigkeiten eine strikt positive Metrik trägt, insbesondere wenn beide Summanden das tun. Da es leicht ist zu zeigen, daß das im allgemeinen falsch ist für Mannigfaltigkeiten, die nicht einfach-zusammenhängend sind, stellt sich diese Frage besonders für einfach-zusammenhängende Mannigfaltigkeiten. Vor dem Satz von Gromov war kein solches Beispiel bekannt. Es liegt besonders nahe, die Frage für zusammenhängende Summen von komplex projektiven Räumen zu untersuchen. Die Bettizahlen von dem komplexen projektiven Raum

$\mathbb{C}P^n$ sind $b_i(\mathbb{C}P^n; F) = \begin{cases} 1 & i \text{ gerade, } i \leq 2n \\ 0 & \text{sonst} \end{cases}$. Also wird für $n > 1$ die Summe Σb_i für $\underbrace{\mathbb{C}P^n \# \ldots \# \mathbb{C}P^n}_{k}$, mit wachsendem k beliebig groß und aus dem Satz von Gromov erhalten wir das folgende Beispiel:

Beispiel. $n > 1$. Es gibt ein k, so daß $\underbrace{\mathbb{C}P^n \# \ldots \# \mathbb{C}P^n}_{k}$ keine Metrik mit positiver Schnittkrümmung trägt (obwohl $\mathbb{C}P^n$ eine solche Metrik besitzt).

Wie ist dieser Stand der Dinge einzuschätzen? Dazu sollte man für die Nichtmathematiker zunächst bemerken, daß es mindestens ab Dimension 4 eine gewaltige Vielzahl von verschiedenen einfach-zusammenhängenden Mannigfaltigkeiten gibt. Unter dieser schier unübersehbaren Menge kennen wir außer in der Dimension 7 in jeder Dimension weniger Beispiele von Mannigfaltigkeiten mit strikt positiver Metrik, als wir Finger haben. Andererseits können wir auch nur für wenige Klassen von Mannigfaltigkeiten definitiv ausschließen, daß sie eine solche Metrik besitzen. Das Hauptproblem ist also trotz bemerkenswerter Fortschritte in den letzten Jahren als fast völlig offen zu bezeichnen.

4. Offene Probleme

In diesem Abschnitt sollen einige Probleme vorgestellt werden, die zumeist schon länger untersucht wurden. Diese Situation ist angesichts der in den Darstellungen im letzten Paragraphen deutlich gewordenen großen Diskrepanz zwischen topologischen Hindernissen und Existenzaussagen nicht verwunderlich.

Problem 1: *Finde weitere Hindernisse für die Existenz strikt positiver Metriken.*

Im letzten Paragraphen wurde der Satz von Lichnerowicz erwähnt, der besagt, daß eine gewisse Linearkombination von Pontrjagin-Zahlen, das $\hat{A}$-Geschlecht, verschwindet, falls die Mannigfaltigkeit eine Spin-Struktur besitzt und eine Metrik mit strikt positiver Schnittkrümmung. Es liegt nahe, zu fragen, ob es, eventuell unter weiteren Bedingungen an die Mannigfaltigkeit, andere Linearkombinationen von Pontrjagin-Zahlen gibt, die bei Existenz einer strikt positiven Metrik verschwinden.

Ein wichtiger Spezialfall von Problem 1 ist:

Problem 2: *Zeige, daß die Eulersche Charakteristik einer geradedimensionalen Mannigfaltigkeit mit strikt positiver Metrik positiv ist.*

Für den Fall von Flächen folgt dies aus dem Satz von Gauß-Bonnet. Indirekt weist bereits Hopf in einem Artikel aus dem Jahre 1932 auf dieses Problem hin, indem er nach einer Verallgemeinerung der Aussage über Flächen fragt. S. S. Chern hat das Problem in [CH] diskutiert.

Problem 3: *Was sind die Fundamentalgruppen von Mannigfaltigkeiten mit strikt positiver Metrik? Insbesondere: Ist jede abelsche Untergruppe der Fundamentalgruppe zyklisch (S. S. Chern)?*

Die Frage ist äquivalent zur Bestimmung derjenigen endlichen Untergruppen der Isometriegruppe einer einfach-zusammenhängenden strikt positiv gekrümmten Mannigfaltigkeit, welche frei operieren. Für den Fall der Sphären und der Standardmetrik wurde diese Frage von J. Wolf [Wo] gelöst, und es stellt sich heraus, daß die abelschen Untergruppen zyklische sind. Deshalb ist Problem 3 für die linearen Raumformen, d. h. für die endlichen Quotienten der Sphären mit der Standardmetrik, gelöst. Nach Satz 5 ist das Problem nur für ungeradedimensionale Mannigfaltigkeiten interessant.

Problem 4: *Hat die Gruppe der Isometrien einer strikt positiv gekrümmten Mannigfaltigkeit stets positive Dimension?*

Eine ähnliche Frage findet sich bei Yau [Y]. Alle bekannten Beispiele haben diese Eigenschaft. Es sei bemerkt, daß für Spin-Mannigfaltigkeiten die Existenz einer Metrik, so daß die Gruppe der Isometrien positive Dimension hat, nach Atiyah-Hirzebruch [AH] das Verschwinden des $\hat{A}$-Geschlechts impliziert; Problem 4 paßt also gut zusammen mit Satz 9.

Problem 5: *Besitzt $S^2 \times S^2$ eine Metrik mit strikt positiver Schnittkrümmung?*

Diese Frage wird auch als Hopf-Vermutung bezeichnet. Es traten immer mal wieder Konstruktionen einer solchen Metrik auf, die sich aber stets als falsch herausstellten. Es liegt nahe, mit der Produktmetrik anzufangen und diese zu deformieren. Aber bisher war dieser Ansatz nicht erfolgreich. Man kennt überhaupt kein Beispiel einer strikt positiv gekrümmten Mannigfaltigkeit M, so daß $M \times M$ eine strikt positive Metrik besitzt. Mehr Information über die Situation allgemeiner Produktmannigfaltigkeiten findet man in [BDS].

Problem 6: *Gibt es eine exotische Sphäre mit Metrik strikt positiver Schnittkrümmung?*

Zur Erinnerung: Eine n-dimensionale exotische Sphäre ist eine Mannigfaltigkeit, die homöomorph, aber nicht diffeomorph zur Sphäre S^n ist. Wie im vorigen Paragraphen bemerkt, folgt aus Satz 10, daß es in Dimension $n = 1,2 \mod 8$ und $n > 8$ exotische Sphären gibt, die noch nicht einmal eine Metrik strikt positiver Skalarkrümmung zulassen. Das einzige bekannte Resultat, was zu Hoffnungen auf Existenzaussagen Anlaß gibt, ist die Konstruktion einer Metrik auf einer exotischen 7-Sphäre durch Gromoll und Meyer [GM], welche Schnittkrümmung ≥ 0 hat und die auf einer dichten Teilmenge > 0 ist. Dieses Problem wird im Zusammenhang mit Problem 7 später noch einmal kurz diskutiert.

Problem 7: *Kann man in der Kategorie der strikt positiv gekrümmten Mannigfaltigkeiten kürzen, d. h., folgt aus der Existenz einer solchen Metrik auf M und $M \# N$ die Existenz für N?*

Nach dem Beispiel am Ende des letzten Paragraphen gilt selbst für einfachzusammenhängende Mannigfaltigkeiten i. a. nicht, daß, wenn M und N strikt positiv gekrümmt sind, dasselbe für $M \# N$ gilt. Sollte man dagegen kürzen können, könnte man exotische Sphären mit strikt positiver Metrik finden, wie wir später zeigen werden. Die Antwort auf Problem 7 wäre positiv, wenn die Hindernisse entweder additiv unter zusammenhängender Summe wären oder durch Ungleichungen wie im Satz 11 gegeben wären. Alle bisher bekannten Hindernisse sind von diesem Typ.

Problem 8: *Wie sieht die Topologie des Raumes aller Metriken mit strikt positiver Schnittkrümmung aus?*

Die einfachste Frage in diesem Kontext ist die, für welche Mannigfaltigkeit je zwei strikt positiv gekrümmte Metriken so ineinander deformiert werden können, daß bei der Deformation die Metriken strikt positiv bleiben. Genauer ist mit der allgemeinen Frage folgendes gemeint: Auf dem Raum aller Metriken operiert die Gruppe der Diffeomorphismen Diff(M). Im Quotientenraum nach dieser Operation von Diff(M) ist der Teilraum der strikt positiven Metriken modulo der Operation von Diff(M) enthalten. Es wird nach der Topologie dieses Raumes gefragt, z. B. wann er zusammenhängend ist, die Frage nach der Deformierbarkeit innerhalb der positiven Metriken. Wir werden dies Problem im nächsten Paragraphen ausführlich diskutieren.

Diese Auswahl von Problemen ist sicher stark subjektiv, sie sollte aber geeignet sein, den Eindruck weiterzugeben, daß die Untersuchung des Verhältnisses von positiver Krümmung und Topologie erst am Anfang steht.

5. Zum Modulraum der Metriken mit positiver Schnittkrümmung

In diesem Kapitel wollen wir eine Verallgemeinerung des am Ende von Kapitel 1 gestellten Problems über die Existenz von strikt positiven Metriken auf einer Mannigfaltigkeit M diskutieren, nämlich wieviele solche Metriken es gibt. Dabei wollen wir nur gewisse Äquivalenzklassen von solchen Metriken betrachten, indem wir z. B. zwei positiv gekrümmte Metriken als Äquivalent ansehen wollen, wenn sie durch Deformation mittels einer stetigen Familie von strikt positiven Metriken auseinander hervorgehen.

Die Äquivalenzrelation soll nun genauer erläutert werden. Sei d eine Metrik auf M und $f: M \to M$ ein Diffeomorphismus. Dann erhalten wir eine neue Metrik $f^*(d)$ auf M, indem wir den Abstand von x und y festsetzen als $f^*(d)(x, y) := d(f(x), f(y))$. Wir setzen als erstes d zu $f^*(d)$ äquivalent. Anschaulich bedeutet das in etwa, daß, wenn man f als Koordinatenwechsel von M interpretiert, die durch den Koordinatenwechsel induzierte Metrik mit der ursprünglichen identifiziert wird. Die Menge der Äquivalenzklassen bezeichnet man als **Modulraum** der Metriken. Wenn d strikt positive Schnittkrümmung hat, so natürlich auch $f^*(d)$, und man kann deshalb vom Modulraum der Metriken mit strikt positiver Schnittkrümmung sprechen. Dieser Modulraum ist, wenn er nicht überhaupt leer ist, riesig: Wahrscheinlich ist er im Normalfall ein unendlich-dimensionaler Raum, d. h., er kann noch nicht einmal lokal durch endlich viele Parameter beschrieben werden.

Um nun doch eine Situation zu erhalten, in der man abzählen kann, liegt es nahe, eine weitere Äquivalenzrelation einzuführen, indem man noch Metriken identifiziert, wenn sie sich auseinander durch Deformation ergeben. Genauer identifizieren wir zwei positiv gekrümmte Metriken d_0 und d_1, wenn es eine stetige Familie von strikt positiv gekrümmten Metriken d_t gibt, wo $0 \le t \le 1$. Anschaulich bedeutet das bei Flächen in etwa, daß man zwei Flächen, die vielleicht Ellipsoide sind, so ineinander deformieren kann, daß sie stets positiv gekrümmt sind. Wir wollen die Anzahl der so in zwei Schritten eingeführten Äquivalenzklassen mit $\wp(M)$ bezeichnen. $\wp(M)$ kann als Wert eine ganze Zahl oder eventuell unendlich annehmen.

Dann ist die erwähnte Verallgemeinerung des Problems aus Kapitel 1:

Problem: *Bestimme für eine kompakte Mannigfaltigkeit M den Wert von $\wp(M)$.*

Das ursprüngliche Problem ist äquivalent zur Frage, wann $\wp(M)$ nicht Null ist. Da schon dieses Problem weit von einer Lösung entfernt ist, ist das verallgemeinerte Problem natürlich erst recht offen. Aber ein wenig weiß man doch, nämlich, daß für Mannigfaltigkeiten der Dimension 2 oder 3 stets gilt: $\wp(M)$ ist entweder 0 oder 1.

Satz 12.
a) *Falls $dim(M) = 2$, so ist $\wp(M) \le 1$ und $\wp(M) = 1$ genau dann, wenn M diffeomorph zu S^2 oder $\mathbb{RP}^2$ ist.*

Positive Krümmung und Topologie   27

b) (Hamilton) Falls dim(M) = 3, so ist $\wp(M) \leq 1$ und $\wp(M) = 1$ genau dann, wenn M eine lineare sphärische Raumform ([WO], S. 224) ist.

Ich habe die beiden identischen Aussagen für die Dimensionen 2 und 3 getrennt aufgeführt, um deutlich zu machen, daß es sich um Aussagen handelt, deren Beweis unterschiedliche Schwierigkeit hat. (Ich habe den Teil b Hamilton zugeschrieben, obwohl man den Satz in keiner seiner Arbeiten findet. Er hat mir in einer Diskussion erklärt, wie er aus den Arbeiten [Ha1], [Ha2] folgt.) Ich möchte die Beweise nun skizzieren.

Beweisskizze zu Satz 12:

a) Das zentrale Hilfsmittel ist der Uniformisierungssatz der Funktionentheorie. Bekanntlich sind in der Dimension 2 Metriken im wesentlichen dasselbe wie komplexe Strukturen. Genauer sind sogenannte konforme Äquivalenzklassen von Metriken dasselbe wie komplexe Strukturen. Dabei sind zwei Metriken konform äquivalent, wenn sie sich durch Multiplikation mit einer positiven Funktion unterscheiden. Der Uniformisierungssatz sagt nun in der Sprache von Metriken aus, daß eine Metrik konform äquivalent zu einer Metrik mit konstanter Krümmung ist. Nun können natürlich zwei konform äquivalente Metriken durch lineares Verbinden der positiven Funktion ineinander deformiert werden, aber dabei geht im allgemeinen die Positivität verloren. Als erstes bemerkt man dazu, daß in unserer Situation jede Metrik konstanter Krümmung positive Schnittkrümmung hat, da das Integral über die Schnittkrümmung die Eulersche Charakteristik ist, die nach Kapitel 2 positiv ist. Als nächstes benutzt man, daß man in der gegebenen Situation die Deformation dadurch zwingen kann, stets positive Schnittkrümmung zu haben, daß man die Metrik mit einer genügend kleinen Zahl multipliziert.

b) Der Beweis ist hier viel schwieriger. Hamilton benutzt eine Methode, die darin besteht, daß man eine positiv gekrümmte Metrik gezielt deformiert, wobei das Ziel dasselbe wie beim obigen Beweis in der Dimension 2 ist, nämlich, daß am Ende eine Metrik konstanter Krümmung herauskommt. Diesen sogenannten Ricci Fluß kann man sich stark vergröbert so vorstellen, daß die dreidimensionale Mannigfaltigkeit ein Luftballon ist, der aber aus irgendwelchen Gründen nicht kreisrund, aber zumindest positiv gekrümmt ist, d. h., lokal konvex ist. (Es reicht übrigens eine schwächere Bedingung aus, nämlich, daß die Ricci Krümmung, die man aus der Schnittkrümmung durch Verjüngen erhält, positiv ist.) Nun kann man den Ricci Fluß damit vergleichen, daß man den Luftballon immer stärker aufbläst. Dabei wird er immer runder, so daß die Metrik am Ende konstante Krümmung hat. Das Schöne an diesem Ricci Fluß ist, daß die Metrik, so sie zu Beginn positive Schnittkrümmung hatte, diese Eigenschaft während der gesamten Deformation beibehält. Also besitzt die Mannigfaltigkeit eine Metrik mit konstanter positiver Schnittkrümmung, und das ist die geometrische Charakterisierung der linearen Raumformen. Damit ist Satz 5 bewiesen.

Nun ist man allerdings im Gegensatz zur Dimension 2 mit dem Beweis von b) noch nicht fertig. Denn es ist nicht unmittelbar klar, daß je zwei Metriken konstanter positiver Krümmung auf einer 3-Mannigfaltigkeit in unserem Sinne äquivalent sind. Was man aber weiß, ist, daß eine einfach zusammenhängende n-dimensionale Mannigfaltigkeit mit Metrik konstanter positiver Krümmung nach eventueller Multiplikation der Metrik mit einer positiven Konstanten isometrisch zu S^n ist. Also ist die universelle Überlagerung einer dreidimensionalen Mannigfaltigkeit mit Metrik konstanter Krümmung (nach eventuellem Multiplizieren der Metrik mit einer positiven Konstanten) gleich der S^3 mit der Standardmetrik und somit die ursprüngliche 3-Mannigfaltigkeit eine lineare Raumform. Nun weiß man, daß zwei dreidimensionale lineare Raumformen, welche diffeomorph sind, auch isometrisch sind [CS]. Also sind je zwei Metriken konstanter Krümmung auf einer 3-Mannigfaltigkeit in unserem Sinne äquivalent. q. e. d.

Die naheliegende nächste Frage, die sich nun stellt, ist, ob der Satz 10 auch in höheren Dimensionen gilt. Erst vor zwei Jahren wurde gezeigt, daß das nicht der Fall ist.

Satz 13 (M. K. und S. Stolz [KS2]). *Es gibt Mannigfaltigkeit M (der Dimension 7) mit $\wp(M) \geq 2$.*

Der Beweis dieses Satzes soll im nächsten Kapitel skizziert werden.

6. Die Wallach Räume und der Beweis von Satz 13

Wir haben bereits in Kapitel 3 bemerkt, daß 7 die einzige Dimension ist, in der man unendlich viele einfach zusammenhängende Mannigfaltigkeiten mit strikt positiv gekrümmter Metrik kennt. Darunter befinden sich die sogenannten Wallach Räume, die wir im folgenden beschreiben wollen, da sie beim Beweis von Satz 13 wie möglicherweise auch bei der Lösung von Problem 6 eine wichtige Rolle spielen.

Sei $SU(3)$ wie üblich die Gruppe der unitären (d. h. Metrik erhaltenden) komplexen 3×3 Matrizen mit Determinante 1. Seien k und l teilerfremde natürliche Zahlen. Sei $i_{k,l} : S^1 \to SU(3)$ die Einbettung

$$z \mapsto \begin{pmatrix} z^k & & 0 \\ & z^l & \\ 0 & & z^{-k-l} \end{pmatrix}.$$

Dann sind die *Wallach Räume* definiert als

$W_{k,l} := SU(3)/i_{k,l}(S^1).$

Als Menge ist das die Menge aller Bahnen $i_{k,l}(z) \cdot A$, wo A ein festes Element von $SU(3)$ ist und z den Einheitskreis S^1 durchläuft. Die Dimension der Wallach-Räume ist 7. Diese harmlos aussehenden Räume haben es in sich. Sie sind sehr spezielle homogene Räume, lassen aber für $kl(k+l) \neq 0$ und $kl > 0$ homogene Metriken mit positiver Schnittkrümmung zu (Allof-Wallach [AW]), die wir Allof-Wallach-Metriken nennen wollen. Je zwei Allof-Wallach-Metriken sind zueinander äquivalent.

Mit Hilfe dieser Räume und Metriken wollen wir Satz 13 beweisen. Es ist vielleicht hilfreich, auf die Analogie zum Beweis von Satz 12 b) hinzuweisen. Dort wie hier sind die betrachteten Räume Quotientenräume einer festen Mannigfaltigkeit, in der Situation von Satz 12 von S^3 und hier von $SU(3)$. Beim Beweis von Satz 10 b) haben wir dann ausgenutzt, daß zwei solche Quotienten isometrisch sind, wenn sie nur diffeomorph sind. Da alle Allof-Wallach-Metriken auf einem festen Wallach Raum zueinander äquivalent sind, bleibt nur eine Hoffnung, um mit Hilfe der Wallach Räume zum Erfolg zu kommen. Man muß Beispiele finden von zwei diffeomorphen Wallach Räumen, die nicht isometrisch sind, ja mehr noch, wo, nachdem man die Räume mittels eines Diffeomorphismus identifiziert, die beiden Metriken nicht in unserem Sinne äquivalent sind. Genau das ist die Strategie des Beweises von Satz 13.

Als erstes behandeln wird die Frage, wann zwei Wallach Räume diffeomorph sind. So einfach oder besser geschlossen die im folgenden gegebene Antwort aussieht, so kompliziert sind die Methoden des Beweises, auf den wir deshalb in diesem Rahmen nicht eingehen können. Die Antwort ist die folgende:

Satz 14 (M.K. und S. Stolz [KS1, 1988]).
Seien k, l bzw. $\tilde{k}, \tilde{l}$ jeweils teilerfremde natürliche Zahlen. $W_{k,l}$ und $W_{\tilde{k},\tilde{l}}$ sind genau dann diffeomorph, wenn

$k^2 + kl + l^2 = \tilde{k}^2 + \tilde{k}\tilde{l} + \tilde{l}^2 =: N.$

und

$kl(k+l) \equiv \tilde{k}\tilde{l}(\tilde{k}+\tilde{l}) \mod 2^5 \cdot 7^{\lambda(N)} \cdot 3 \cdot N, \quad wo \, \lambda(N) = \begin{cases} 0 & wenn \ N \equiv 0 \mod 7 \\ 1 & sonst \end{cases}$

Um nun im Sinne der obigen Strategie fortzufahren, benötigen wir eine Unterscheidungsmöglichkeit für Äquivalenzklassen von positiven Metriken auf den Wallach Räumen. Das macht man naheliegenderweise so, daß man jeder Metrik mit positiver Schnittkrümmung eine Invariante, z. B. eine reelle Zahl, zuordnet, und zwar so, daß äquivalenten Metriken die gleiche Zahl zugeordnet wird. Die Definition der benutzten Invariante ist ziemlich kompliziert. Da sie aber Mathematik benutzt, die in den letzten zwanzig Jahren von großer Bedeutung war und weiter ist, soll angedeutet werden, wie es gemacht wird. Wir hatten in Kapitel 3 den Dirac Operator einer metrischen Mannigfaltigkeit mit Spin-Struktur erwähnt. In der Beweisskizze zu Satz 9 hatten wir angedeutet, wieso der Index des Dirac Operators verschwindet, falls die Metrik positive Skalarkrümmung hat. Es liegt nahe, den Dirac Operator wieder ins Spiel zu bringen, um die gesuchte Invariante zu finden. Dabei kann man natürlich nicht den Index verwenden, der bei positiv gekrümmter Metrik ja verschwindet. Im Falle der Wallach Räume verschwindet der Index noch aus einem anderen Grund. Die Dimension ist 7, und für alle ungerade dimensionalen Mannigfaltigkeiten ist der Dirac Operator selbst-adjungiert, und deshalb verschwindet der Index. Daß der Operator selbst-adjungiert ist, stellt sich aber als Vorteil heraus. Denn dann sind die Eigenwerte alle reell und man kann versuchen, aus der Menge der Eigenwerte, also dem Spektrum des Operators, eine Invariante abzuleiten. Wäre der Vektorraum, auf dem der Operator operiert, endlich dimensional, so würde sich die Signatur als Invariante anbieten, also die Anzahl der positiven minus die Anzahl der negativen Eigenwerte. Bei geeigneten Differentialoperatoren wie dem Dirac Operator oder dem im folgenden auch betrachteten Signaturoperator haben Atiyah-Patodi-Singer [APS] ein Maß für die Verteilung der positiven und negativen Eigenwerte eingeführt, die sogenannte **spektrale Asymmetrie**, die mit η bezeichnet wird.

Die spektrale Asymmetrie des Dirac Operators hängt von der gewählten Metrik ab, ist also eine sehr sensitive Invariante. Sie ist für unsere Zwecke sogar zu sensitiv, denn sie kann sogar für zwei äquivalente, positiv gekrümmte Metriken verschiedene Werte annehmen, und das, obwohl solche Metriken doch sehr speziell sind. Trotzdem ist die spektrale Asymmetrie des Dirac Operators der entscheidende Baustein für die gesuchte Invariante, die daraus durch Addition eines Korrekturterms erhalten wird, der selbst wieder aus einer η-Invariante, und zwar des erwähnten Signaturoperators, sowie einer sekundären Pontrjagin-Zahl besteht. Da diese Invariante im wesentlichen aus dem Spektrum gewisser Operatoren gewonnen wird, wird sie mit dem Buchstaben $s(W, g) \in \mathbb{R}$ abgekürzt, wo W ein Wallach Raum ist und g darauf eine positiv gekrümmte Metrik ist. Diese Invariante hat die gewünschte Eigenschaft: Wenn g und g' äquivalent sind, so ist $s(W, g) = s(W, g')$.

Der nächste Schritt ist die Berechnung von $s(W, g)$.

Satz 15 (M.K. und S. Stolz [KS2]).

$$s(W_{k,l}) = \frac{1}{2^5 7} \, kl(k+l)$$

Auch hier ist der Beweis zu kompliziert, um ihn in diesem Rahmen zu geben. Eine direkte Berechnung der Invariante $s(W, g)$ aus dem Spektrum ist nicht bekannt. In [KS2] wird er so geführt, daß durch theoretische Überlegungen die Berechnung auf die Bestimmung der Invariante für gewisse andere Räume zurückgeführt wird. Diese anderen Räume treten in expliziter Weise als Rand einer kompakten 8-dimensionalen Spin-Mannigfaltigkeit auf. In dieser Situation kann man den Atiyah-Patodi-Singer Indexsatz für Mannigfaltigkeiten mit Rand ins Spiel bringen und dadurch die Invariante berechnen. Vor kurzem hat mein Schüler S. Bechtluft-Sachs in seiner Dissertation eine direktere Berechnungsmöglichkeit für die s-Invariante gefunden [BS].

Mit den Sätzen 14 und 15 hat man den Beweis von Satz 11, wenn man die oben skizzierte Idee benutzen will, auf ein *zahlentheoretisches Problem* zurückgeführt:

Gesucht sind k, l bzw. $\bar{k}, \bar{l}$, die jeweils teilerfremde natürliche Zahlen sind, so daß

$$k^2 + kl + l^2 = \bar{k}^2 + \bar{k}\bar{l} + \bar{l}^2 =: N.$$

und

$$kl(k+l) \equiv \bar{k}\bar{l}(\bar{k}+\bar{l}) \, mod \, 2^5 \cdot 7^{\lambda(N)} \cdot 3 \cdot N, \quad wo \; \lambda(N) = \begin{cases} 0 & wenn \, N = 0 \, mod \, 7 \\ 1 & sonst \end{cases}$$

aber

$$kl(k+l) \neq \bar{k}\bar{l}(\bar{k}+\bar{l}).$$

Wer dieses Problem sieht, ist versucht, schnell mal auf einem Stück Papier eine Lösung zu finden. Und zwar geht man dabei naheliegenderweise so vor, daß man sich die Zahl N vorgibt und nach jeweils teilerfremden natürlichen Zahlen k, l bzw. $\bar{k}, \bar{l}$ sucht, so daß die obigen Bedingungen erfüllt sind. Diesen Versuch wird man aber bald aufgeben, da man für kleine Zahlen N keine Lösung findet und der Rechenaufwand mit wachsendem N beträchtlich wird. Dann aktiviert man seinen PC und läßt den dasselbe rechnen. Der PC kommt natürlich viel weiter, wird aber irgendwann overflow Probleme bekommen, d. h., die auftretenden Zahlen werden zu groß. Man stellt somit fest, daß für schon recht große Zahlen N keine Lösung existiert, etwa für $N < 1000000$. Jetzt ändert sich der Erwartungshorizont: Man geht nun davon aus, daß das obige Problem überhaupt keine Lösung hat. Eine solche Erwartung kann natürlich nicht mit dem

Computer bestätigt werden, und so fängt man an, einen theoretischen Beweis zu führen.

Genauso sind Stolz und ich vorgegangen, um nach einiger Zeit enttäuscht aufzugeben. Weder konnten wir eine Lösung finden noch beweisen, daß es keine gibt. Allerdings hat der Versuch zu zeigen, daß es keine Lösung gibt, zu einer Umformulierung des Problems in der Sprache der algebraischen Zahlentheorie geführt. Mit diesem Problem haben wir dann unseren Kollegen Don Zagier konfrontiert, der ziemlich schnell die Erwartung äußerte, es wird Lösungen geben, allerdings sehr selten. Es dauerte dann noch ein paar Wochen, in denen Zagier selbst schwankte, ob seine Erwartung richtig sei, bis er mit einem geeigneten Computersuchprogramm zum Erfolg kam:

Don Zagier + Computer: Für $N < 19153920223641$ gibt es keine Lösung, aber für dieses N gibt es eine, nämlich $k = -4638661$, $l = 582656$ und $\bar{k} = -2594149$, $\bar{l} = 5052965$.

Damit ist Satz 13 bewiesen. Mit Hilfe von Andrew Odlyzko und einem schnelleren Computer wurde nach weiteren Lösungen gesucht und welche gefunden, allerdings auch nur zwei weitere Lösungen, bis auch die Cray overflow Probleme bekam.

Man kann hier natürlich kritisch fragen, ob das oben lax Don Zagier + Computer zugeschriebene Ergebnis noch Mathematik ist. Zur Zeit des Grundlagenstreits zu Beginn dieses Jahrhunderts hätten das wohl nicht alle akzeptiert.

Zum Schluß sei darauf hingewiesen, daß die Wallach Räume möglicherweise auch zur Lösung von Problem 6 beitragen könnten. In Problem 7 haben wir gefragt, ob man in der Kategorie der strikt positiv gekrümmten Mannigfaltigkeiten kürzen kann. Wenn dem so wäre, so könnte man nach Mannigfaltigkeiten M und N mit positiv gekrümmter Metrik fragen, so daß N diffeomorph zu $M \# \Sigma$ mit Σ eine exotische Sphäre, und es würde folgen, daß Σ eine Metrik mit strikt positiver Schnittkrümmung tragen würde. Problem 7 ist offen, aber solche Mannigfaltigkeiten M, N und Σ existieren, und zwar wieder unter den Wallach Räumen.

Beispiel [KS1]: *Es gibt exotische Sphäre Σ, so daß $W = W_{-56788,5227}$ diffeomorph ist zu $W' \# \Sigma$, wo $W' = W_{-42652,61213}$. W und W' sind homöomorph, aber nicht diffeomorph.*

Dieses Beispiel gibt auch die erste positive Antwort auf die Verallgemeinerung von Problem 6: Sei M eine differenzierbare Mannigfaltigkeit mit Metrik strikt positiver Schnittkrümmung. Gibt es auf M eine weitere differenzierbare Struktur, die eine solche Metrik zuläßt? Problem 6 ist der Fall $M = S^n$.

Literatur

[Ad] F. ADAMS, *On the groups J(X); IV.* Topology 5, 21–71 (1966).
[AH] M. F. ATIYAH and F. HIRZEBRUCH. *Spin manifolds and group actions.* Essays in topology and related topics, Proceedings, 18–28, Springer, 1970.
[APS] M. F. ATIYAH, Y. PATODI and I. SINGER. *Spectral asymmetry and Riemannian geometry I.* Math. Proc. Camb. Philos. Soc. 77, 43–69 (1977).
[AS] M. F. ATIYAH and I. M. SINGER. *The index of elliptic operators III.* Ann. of Math. 87, 546–604 (1968).
[AW] S. ALOFF and N. R. WALLACH. *An infinite family of distinct 7-manifolds admitting positively curved Riemannian structures.* Bull. AMS 81, 93–97 (1975).
[BS] S. BECHTLUFT-SACHS. *On the η-invariant of Dirac operators on manifolds with free circle action.* Dissertation, Mainz, 1993
[BB] L. BERARD BERGERY. *Les variétés Riemanniennes homogènes simplement connexes de dimension impaire à courbure strictement positive.* Duke Math. J. 1, 39–49 (1935).
[B] M. BERGER. *Les variétés Riemanniennes homogènes simplement connexes à courbure strictement positive.* Ann. Scuola Norm. ASup. Pisa 15, 179–246 (1961).
[BDS] J. P. BOURGUIGNON, A. DESCHAMPS and P. SENTENAC. *Conjecture de H. Hopf sur les produits de variétés.* Ann. Math. Scient. Eco;e Norm. Sup. 4, fasc. 2 (1972).
[CS] S. CAPPELL and J. SHANESON. *The topology of linear representations of groups and subgroups.* Amer. J. Math. 104, 773–778 (1982).
[CH] S. S. CHERN. *On the curvatura integra of a Riemannian manifold.* Ann. of Math. 46, 674–684 (1945).
[E1] J.-H. ESCHENBURG. *New examples of manifolds with strictly positive curvature.* Invent. Math. 66, 469–480 (1982).
[E2] J.-H. ESCHENBURG. *Freie isometrische Aktionen auf kompakten Liegruppen mit positiv gekrümmten Orbiträumen.* Schriftenreihe des Math. Inst. d. Univ. Münster 32, 1984.
[GM] D. GROMOLL and W. MEYER. *An exotic sphere with nonnegative curvature.* Ann. of Math. 100, 401–406 (1974).
[G] M. GROMOV. *Curvature, diameter and Betti numbers.* Comm. Math. Helv. 56, 179–195 (1981).
[Ha1] R. HAMILTON. *Three-manifolds with positive Ricci curvature.* J. Diff. Geom. 17, 255–306 (1982).
[Ha2] R. HAMILTON. *Four-manifolds with positive curvature operator.* J. Diff. Geom. 24, 153–179 (1986).
[Hir] F. HIRZEBRUCH. *Neue topologische Methoden in der algebraischen Geometrie.* Grundlehren der mathematischen Wissenschaften Bd. 131, Springer, 1966.
[Hit] N. HITCHIN. *Harmonic spinors.* Adv. Math. 14, 1–55 (1974).
[KM] M. A. KERVAIRE and J. MILNOR. *Groups of homotopy spheres I.* Ann. of Math. 77, 504–537 (1963).
[Kr] M. KRECK. *Positive Krümmung und Topologie differenzierbarer Mannigfaltigkeiten.* J. Ber. DMV, Jubiläumsband, Teubner, 1992.
[KS1] M. KRECK and S. STOLZ. *Some nondiffeomorphic homeomorphic homogeneous 7-manifolds with positive sectional curvature.* J. Diff. Geom. 33, 465–486 (1991).
[KS2] M. KRECK and S. STOLZ. *Nonconnected moduli space of positive sectional curvature metrics.* To appear Jour. AMS.

Literatur

[L]   A. LICHNEROWICZ. *Spineurs harmoniques.* C. R. Acad. Sci. Paris, Sér. A–B, 257, 7–9, 1963.
[M]   S. B. MYERS. *Riemannian manifolds in the large.* Duke Math. J. 1, 39–49 (1935).
[Sy] J. SYNGE. *On the connectivity of spaces of positive curvature.* Quart. J. Math. 7, 316–320 (1936).
[St] S. STOLZ. *Simply connected manifolds of positive scalar curvature.* Ann. of Math. 136, 511–540 (1992).
[W]   N. R. WALLACH. *Compact homogeneous Riemannian manifolds with strictly positive curvature.* Ann. of Math. 96, 277–295 (1972).
[Wo] J. WOLF. *Spaces of constant curvature.* McGraw-Hill, 1966.
[Y]   S. T. YAU. *Problem Section.* Ann. Math. Stud. 102, 669–706 (1982).

Diskussion

Herr Hirzebruch: Für die besondere siebendimensionale Mannigfaltigkeit haben Sie gezeigt, daß es zwei wesensverschiedene positive Metriken gibt, weil die von Ihnen zusammengekochte Invariante verschiedene Werte hat. Nun könnten natürlich trotzdem noch für gleiche Werte der Invarianten wesensverschiedene Metriken existieren. Wir haben mindestens zwei, aber für gegebene Invarianten könnte es noch eine ganze unendliche Familie geben. Darüber ist wohl nichts bekannt?

Herr Kreck: Für Metriken mit strikt positiver Schnittkrümmung, die also im starken Sinne konvex sind, ist darüber nichts bekannt. Wenn man aber den Krümmungsbegriff abschwächt zur Ricci-Krümmung, die ja in der Physik eine besondere Rolle spielt, oder noch weiter zur Skalarkrümmung, so kann man mehr über die mögliche Anzahl von Äquivalenzklassen sagen. Stolz und ich [KS2] zeigen nämlich, daß es Beispiele gibt, wo die Menge der Äquivalenzklassen von Metriken mit positiver Ricci-Krümmung unendlich ist, wobei wir allerdings die gleiche Invariante benutzen. (Möglicherweise unterscheidet diese Invariante sogar vollständig, wenn man zur Skalarkrümmung übergeht.) Unsere Beispiele für die Ricci-Krümmung sind möglicherweise auch aus anderer Sicht von Interesse. Die zugrundeliegenden Räume wurden von dem Physiker Witten betrachtet, weil die Gruppe der Isometrien die Eichgruppe des sogenannten Standardmodells ist, nämlich $U(1) \times SU(2) \times SU(3)$, und die unendlich vielen zueinander nicht äquivalenten Ricci-positiven Metriken Lösungen der Einsteingleichung sind, d. h., die Bedingung Ricci Tensor proportional zur Metrik erfüllen.

Herr Hirzebruch: Ihre Bemerkung über die positive skalare Krümmung erinnert mich daran, daß man für die bekannten exotischen Sphären überhaupt keine Metrik mit positiver Schnittkrümmung, was Sie hier als positive Krümmung definiert haben, kennt, während es in einigen Fällen, wenn ich mich recht entsinne, positive skalare Krümmung geben kann.

Herr Kreck: In der Frage nach der Existenz von Metriken mit positiver Skalarkrümmung hat es in jüngster Zeit große Fortschritte gegeben. Für einfach-zusammenhängende Mannigfaltigkeiten der Dimension größer als 4 kennt man durch Arbeiten von Gromov und Lawson, Schoen und Yau sowie ganz besonders von Stolz [St] inzwischen eine vollständige Antwort. Wenn ich nun die Frage nach den exotischen Sphären aufnehme, so sieht die Antwort wie folgt aus. Für alle Dimensionen größer als 4, die nicht von der Form $8k + 1$ bzw. $8k + 2$ sind, besitzt jede exotische Sphäre eine Metrik mit positiver Skalarkrümmung. In den anderen Dimensionen ist das genau dann der Fall, wenn die nach Satz 9 notwendige Bedingung erfüllt ist, nämlich wenn die α-Invariante verschwindet. Für positive Ricci-Krümmung kennt man eine Reihe von Beispielen von exotischen Sphären mit solch einer Metrik, während man für die Schnittkrümmung, wie im Vortrag erwähnt, nichts weiß.

Herr Depenbrock: Ich weiß nicht, ob ich das richtig verstanden habe. Sie haben vorhin erwähnt, daß die immer positive Krümmung einer Sphäre erhalten bleibt, wenn man sie verformt. Wenn ich mir vorstelle, daß ich die Sphäre in die Form einer Banane bringe, dann ist das doch in einem Teilbereich eigentlich nicht vom Fahrradschlauch zu unterscheiden, den Sie als Beispiel für ein Gebilde mit auch negativer Krümmung erwähnten.

Herr Kreck: Da habe ich mich nicht klar genug ausgedrückt. Am Beispiel der Banane kann man einiges sehen und mit Recht ist die Frage: „Warum ist die Banane krumm?" zu einem geflügelten Wort geworden, wobei der Frager wohl weniger an der präzisen Antwort eines Mathematikers interessiert war. Die Banane hat sowohl Punkte, wo sie positiv gekrümmt ist, wie solche negativer Krümmung. Bis auf Deformation ist es die Sphäre. Dies ist aber keine Deformation, wie sie nach unserer Verabredung erlaubt ist. Denn wir wollen nur solche Deformationen erlauben, bei der die Objekte zu jedem Zeitpunkt positiv gekrümmt sind. Die tägliche Erfahrung lehrt einen, daß die Situation positiver Krümmung eher die Ausnahme ist, denn sobald man in ein eventuell zunächst positiv gekrümmtes Objekt eine Delle hineinmacht, so gibt es Punkte negativer Krümmung. Aus Sicht des Mathematikers (und vielleicht auch des Physikers) sind die positiv gekrümmten Mannigfaltigkeiten gerade deshalb so interessant, weil die Situation so speziell ist.

Herr Hirzebruch: Noch ein Zusatz dazu. Bei der Banane werden ja die negativ gekrümmten Punkte durch positiv gekrümmte Punkte wieder ausgeglichen. Vielleicht können Sie das kurz erläutern.

Herr Kreck: Das gibt mir Gelegenheit, noch einmal auf den Satz von Gauß-Bonnet hinzuweisen, den ich während des Vortrags nicht erwähnt hatte, aber in dieser Ausarbeitung vorgestellt habe. Nach diesem Satz ist das Integral über die Krümmung unabhängig von der speziellen Metrik, nämlich gleich 2π mal der Eulerschen Charakteristik. Bezogen auf die Sphäre und die Banane, die ja nur zwei metrische Ausformungen derselben Mannigfaltigkeit sind, wissen wir, daß die Eulersche Charakteristik 2 ist. Je mehr Punkte negativer Krümmung wir haben, desto mehr oder stärker gekrümmte Punkte müssen vorliegen, wo die Metrik positiv gekrümmt ist. Im Falle der Banane sind die beiden Enden Bereiche, wo die Metrik stark positiv gekrümmt ist.

Herr Priester: Sie hatten mich vorhin bezüglich der Strukturen des Weltalls angesprochen. Wir haben seit sechs Wochen die Möglichkeit, die Struktur unseres Kosmos zu bestimmen. Es gibt nämlich eine große Zahl von Beobachtungen, bei denen man über zwanzig Milliarden Jahre auf sehr weit entfernte Quasare zurückschaut. Der Lichtstrahl geht dabei durch eine große Serie von Wasserstoffwolken, und jede dieser Wasserstoffwolken produziert eine Absorptionslinie im Spektrum des betreffenden Quasars. Bei manchen Spektren kann man mehr als einhundert solcher Absorptionslinien sehen.

Diese Beobachtung kann man benutzen, um die Lösungen der Einsteinschen Gleichung einzuschränken, wobei wir großräumige Homogenität und Isotropie im Weltall voraussetzen. Für die Homogenität haben wir hinreichend gute Evidenz. Für die Isotropie haben wir erstklassige Evidenz für unseren lokalen Ort hier. Wir müssen dann das Weltpostulat akzeptieren, daß wir nicht an einem ausgezeichneten Punkt im Weltall sind, sondern daß jeder andere Beobachter auf irgendeiner fernen Galaxie die gleiche Isotropie sehen würde. Wenn alle Beobachter die gleiche Isotropie sehen, wäre das Weltall notwendig großräumig homogen.

Nun kann man die Lösungen der Einsteinschen Gleichungen bzw. der Friedmannschen Gleichungen hernehmen und mit diesen zahlreichen Beobachtungen – inzwischen haben wir Spektren von zwanzig Quasaren – in Relation setzen. Dann resultiert die Lösung, daß unser Weltall eine positive Krümmung besitzt. Der heutige Krümmungsradius ergibt sich zu sechsunddreißig Milliarden Lichtjahren. Das Alter der Welt seit Entstehung der Materie kommt heraus als dreißig Milliarden Jahre. Einsteins Konstante ist positiv. Das sind unsere Forschungsergebnisse der letzten Wochen.

Herr Korte: Ich darf noch eine Bemerkung anschließen, Herr Kreck, die sich auf die Nutzung des Computers bezieht. Ich glaube, Sie hätten von den Apologeten des Grundlagenstreits um die Jahrhundertwende Absolution bekommen. Ich möchte aber ein anderes Beispiel nennen. Das ist der Beweis des Vier-Farbensatzes von Haken und Apel, also der Frage: Kann man eine Landkarte mit vier Farben so färben, daß kein Land, das mit dem anderen benachbart ist, dieselbe Farbe hat? Diese lange offene Vermutung haben Haken und Apel bewiesen, indem sie die Hitchin-Reduktion enumeriert haben. Da ist der Computer essentiell gewesen, weil es eine All-Aussage war. Sie machen im Grunde eine Existenz-Aussage. Sie zeigen nämlich, daß es so etwas gibt und reduzieren sie äquivalent auf eine andere Existenzaussage. Sie hätten ja auch behaupten können, Sie hätten die Zahl geträumt. Das ist eigentlich unwesentlich; denn wenn Sie sie geträumt hätten, hätte es auch gereicht, während es im Fall einer All-Aussage nicht so ist.

Herr Kreck: Die angesprochene Aussage in meinem Vortrag hat zwei Teile. Für den einen gilt, was Sie sagen. Sobald man die Zahlen einmal hat, kann man ohne den Computer nachrechnen, ob sie die Gleichungen erfüllen, und damit ist Satz 11 bewiesen. Ich möchte allerdings darauf hinweisen, daß der Computer für das Finden der Zahl absolut essentiell ist. Vor dreißig Jahren hätte man die Frage, ob unser Gleichungssystem eine Lösung hat, nicht beantworten können. Solche Zahlen träumt selbst ein Mathematiker leider (oder zum Glück) nicht.

Der zweite Teil der Aussage ist, daß das die kleinste Lösung ist. Gegen diese hätte es zur Zeit des Grundlagenstreits mit Sicherheit Einwände gegeben.

Herr Korte: Gut, aber das ist unwesentlich.

Herr Kreck: Das sehe ich etwas anders. Wir haben eine sehr spezielle unendliche Familie von Diffeomorphietypen von siebendimensionalen Mannigfaltigkeiten gegeben. Auf all diesen Mannigfaltigkeiten sind gewisse sehr natürliche (homogene) und sehr spezielle (positiv gekrümmte) Metriken ausgezeichnet. Ferner gibt es eine natürliche, im wesentlichen aus dem Dirac-Operator abgeleitete Unterscheidungsmöglichkeit für solche Metriken. Die Frage, wann diese Unterscheidungsmöglichkeit tatsächlich greift, ist schon von einem gewissen Interesse. Die Computerrechnungen sagen nun, daß dies sehr selten der Fall ist, was als Unterstützung der Erwartung gewertet werden kann, daß positiv gekrümmte Metriken die große Ausnahme sind. Natürlich ist diese Information von viel geringerer Bedeutung als Satz 13, der, nachdem einem der Computer einmal die Zahlen gefunden hat, von Hand nachgeprüft werden kann.

Wenn man aber die Frage untersucht, bei wie vielen dieser Wallach Räume die Unterscheidungsmöglichkeit greift, so könnte man sich vielleicht ein Beweisschema denken, das dem des Vier-Farbensatzes ähnlich ist: Man zeige zunächst theoretisch, daß so etwas ab einem bestimmten Wert von der in Satz 12 vorkommenden Zahl N nicht geht, und rechne die kleineren Lösungen mit dem Computer aus.

Diskussion

Herr Fettweis: Ich habe eine vielleicht dumme Frage. Wenn man eine solche Zahl N (wie im zahlentheoretischen Problem in Paragraph 6) findet, ist das dann irgendeine Zahl, oder hat sie eine erkennbare Struktur? Wenn ich das richtig gesehen habe, so ist sie durch 3 und durch 7 teilbar. Eine Primzahl ist sie also schon nicht.

Herr Kreck: Dieselbe Frage haben wir, also Don Zagier und ich, uns auch gestellt. Es ist uns nichts besonderes aufgefallen, auch bei den erwähnten zwei anderen Lösungen haben wir der Zahl N nichts besonderes ansehen können.

Wo diese Zahl aber angesprochen ist, möchte ich die Gelegenheit nutzen, etwas zur geometrischen Bedeutung der Zahl N zu sagen. Sie ist gleich der Ordnung der 3. Homologiegruppe mit ganzzahligen Koeffizienten. Es ist also eine subtile Version der bei Satz 11 auftretenden Bettizahlen. Etwas genauer sei p eine Primzahl und F_p der Körper mit p Elementen. Dann kann man von der Bettizahl $b_3(W_{k,l}; F_p)$ sprechen und sie als Test dafür benutzen, ob die Primzahl p ein Teiler von $N = k^2 + kl + l^2$ ist. Das ist nämlich genau dann der Fall, wenn $b_3(W_{k,l}; F_p) \neq 0$ ist. Die Primfaktoren von N haben also etwas mit den Bettizahlen zu tun. Grob kann man sagen, daß eine Mannigfaltigkeit umso komplexer ist, je mehr Bettizahlen nicht Null sind, ja mehr noch, umso größer die Zahl N ist. Daß das kleinste N, für welches unsere Gleichungen eine Lösung haben, so groß ist, besagt also geometrisch gesprochen, daß erst für sehr komplizierte Wallach Räume zwei nicht äquivalente positiv gekrümmte Metriken gefunden werden konnten.

Veröffentlichungen
der Nordrhein-Westfälischen Akademie der Wissenschaften

Neuerscheinungen 1987 bis 1994

Vorträge N Heft Nr.		NATUR-, INGENIEUR- UND WIRTSCHAFTSWISSENSCHAFTEN
354	Hans Helmut Kornhuber, Ulm	Gehirn und geistige Leistung: Plastizität, Übung, Motivation
	Hubert Markl, Konstanz	Soziale Systeme als kognitive Systeme
355	Max Georg Huber, Bonn	Quarks – der Stoff aus dem Atomkerne aufgebaut sind?
	Fritz G. Parak, Münster	Dynamische Vorgänge in Proteinen
356	Walter Eversheim, Aachen	Neue Technologien – Konsequenzen für Wirtschaft, Gesellschaft und Bildungssystem –
357	Bruno S. Frey, Zürich	Politische und soziale Einflüsse auf das Wirtschaftsleben
	Heinz König, Mannheim	Ursachen der Arbeitslosigkeit: zu hohe Reallöhne oder Nachfragemangel?
358	Klaus Hahlbrock, Köln	Programmierter Zelltod bei der Abwehr von Pflanzen gegen Krankheitserreger
359	Wolfgang Kundt, Bonn	Kosmische Überschallstrahlen
	Theo Mayer-Kuckuk, Bonn	Das Kühler-Synchrotron COSY und seine physikalischen Perspektiven
360	Frederick H. Epstein, Zürich	Gesundheitliche Risikofaktoren in der modernen Welt
	Günther O. Schenck, Mülheim/Ruhr	Zur Beteiligung photochemischer Prozesse an den photodynamischen Lichtkrankheiten der Pflanzen und Bäume (‚Waldsterben')
361	Siegfried Batzel, Herten	Die Nutzung von Kohlelagerstätten, die sich den bekannten bergmännischen Gewinnungsverfahren verschließen
		Jahresfeier am 11. Mai 1988
362	Erich Sackmann, München	Biomembranen: Physikalische Prinzipien der Selbstorganisation und Funktion als integrierte Systeme zur Signalerkennung, -verstärkung und -übertragung auf molekularer Ebene
	Kurt Schaffner, Mühlheim/Ruhr	Zur Photophysik und Photochemie von Phytoschrom, einem photomorphogenetischen Regler in grünen Pflanzen
363	Klaus Knizia, Dortmund	Energieversorgung im Spannungsfeld zwischen Utopie und Realität
	Gerd H. Wolf, Jülich	Fusionsforschung in der Europäischen Gemeinschaft
364	Hans Ludwig Jessberger, Bochum	Geotechnische Aufgaben der Deponietechnik und der Altlastensanierung
	Egon Krause, Aachen	Numerische Strömungssimulation
365	Dieter Stöffler, Münster	Geologie der terrestrischen Planeten und Monde
	Hans Volker Klapdor, Heidelberg	Der Beta-Zerfall der Atomkerne und das Alter des Universums
366	Horst Uwe Keller, Katlenburg-Lindau	Das neue Bild des Planeten Halley – Ergebnisse der Raummissionen
	Ulf von Zahn, Bonn	Wetter in der oberen Atmosphäre (50 bis 120 km Höhe)
367	Jozef S. Schell, Köln	Fundamentales Wissen über Struktur und Funktion von Pflanzengenen eröffnet neue Möglichkeiten in der Pflanzenzüchtung
368	Frank H. Hahn, Cambridge	Aspects of Monetary Theory
370	Friedrich Hirzebruch, Bonn	Codierungstheorie und ihre Beziehung zu Geometrie und Zahlentheorie
	Don Zagier, Bonn	Primzahlen: Theorie und Anwendung
371	Hartwig Höcker, Aachen	Architektur von Makromolekülen
372	János Szentágothai, Budapest	Modulare Organisation nervöser Zentralorgane, vor allem der Hirnrinde
373	Rolf Staufenbiel, Aachen	Transportsysteme der Raumfahrt
	Peter R. Sahm, Aachen	Werkstoffwissenschaften unter Schwerelosigkeit
374	Karl-Heinz Büchel, Leverkusen	Die Bedeutung der Produktinnovation in der Chemie am Beispiel der Azol-Antimykotika und -Fungizide
375	Frank Natterer, Münster	Mathematische Methoden der Computer-Tomographie
	Rolf W. Günther, Aachen	Das Spiegelbild der Morphe und der Funktion in der Medizin
376	Wilhelm Stoffel, Köln	Essentielle makromolekulare Strukturen für die Funktion der Myelinmembran des Zentralnervensystems

377	Hans Schadewaldt, Düsseldorf	Betrachtungen zur Medizin in der bildenden Kunst
378	6. Akademie-Forum	Arzt und Patient im Spannungsfeld: Natur – technische Möglichkeiten – Rechtsauffassung
	Wolfgang Klages, Aachen	Patient und Technik
	Hans-Erhard Bock, Tübingen, Hans-Ludwig Schreiber, Hannover	Patientenaufklärung und ihre Grenzen
	Herbert Weltrich, Düsseldorf	Ärztliche Behandlungsfehler
	Paul Schölmerich, Mainz Günter Solbach, Aachen	Ärztliches Handeln im Grenzbereich von Leben und Sterben
379	Hermann Flohn, Bonn	Treibhauseffekt der Atmosphäre: Neue Fakten und Perspektiven
	Dieter Hans Ehhalt, Jülich	Die Chemie des antarktischen Ozonlochs
380	Gerd Herziger, Aachen	Anwendungen und Perspektiven der Lasertechnik
	Manfred Weck, Aachen	Erhöhung der Bearbeitungsgenauigkeit – eine Herausforderung an die Ultrapräzisionstechnik
381	Wilfried Ruske, Aachen	Planung, Management, Gestaltung – aktuelle Aufgaben des Stadtbauwesens
382	Sebastian A. Gerlach, Kiel	Flußeinträge und Konzentrationen von Phosphor und Stickstoff und das Phytoplankton der Deutschen Bucht
	Karsten Reise, Sylt	Historische Veränderungen in der Ökologie des Wattenmeeres
383	Lothar Jaenicke, Köln	Differenzierung und Musterbildung bei einfachen Organismen
	Gerhard W. Roeb, Fritz Führ, Jülich	Kurzlebige Isotope in der Pflanzenphysiologie am Beispiel des ^{11}C-Radiokohlenstoffs
384	Sigrid Peyerimhoff, Bonn	Theoretische Untersuchung kleiner Moleküle in angeregten Elektronenzuständen
	Siegfried Matern, Aachen	Konkremente im menschlichen Organismus: Aspekte zur Bildung und Therapie
385	Parlamentarisches Kolloquium	Wissenschaft und Politik – Molekulargenetik und Gentechnik in Grundlagenforschung, Medizin und Industrie
386	Bernd Höfflinger, Stuttgart	Neuere Entwicklungen der Silizium-Mikroelektronik
387	János Kertész, Köln	Tröpfchenmodelle des Flüssig-Gas-Übergangs und ihre Computer-Simulation
388	Erhard Hornbogen, Bochum	Legierungen mit Formgedächtnis
389	Otto D. Creutzfeld, Göttingen	Die wissenschaftliche Erforschung des Gehirns: Das Ganze und seine Teile
390	Friedhelm Stangenberg, Bochum	Qualitätssicherung und Dauerhaftigkeit von Stahlbetonbauwerken
391	Helmut Domke, Aachen	Aktive Tragwerke
392	Sir John Eccles, Contra	Neurobiology of Cognitive Learning
393	Klaus Kirchgässner, Stuttgart	Struktur nichtlinearer Wellen – ein Modell für den Übergang zum Chaos
394	Hermann Josef Roth, Tübingen	Das Phänomen der Symmetrie in Natur- und Arzneistoffen
	Rudolf K. Thauer, Marburg	Warum Methan in der Atmosphäre ansteigt. Die Rolle von Archaebakterien
395	Guy Ourisson, Straßburg	Die Hopanoide
	Werner Schreyer, Bochum	Ultra-Hochdruckmetamorphose von Gesteinen als Resultat von tiefer Versenkung kontinentaler Erdkruste
396	Gottfried Bombach, Basel	Zyklen im Ablauf des Wirtschaftsprozesses – Mythos und Realität
	Knut Bleicher, St Gallen	Unternehmungsverfassung und Spitzenorganisation in internationaler Sicht
397	Jean-Michel Grandmont, Paris	Expectations Driven Nonlinear Business Cycles
	Martin Weber, Kiel	Ambiguitätseffekte in experimentellen Märkten
398	Alfred Pühler, Bielefeld	Bakterien – Pflanzen – Interaktion: Analyse des Signalaustausches zwischen den Symbiosepartnern bei der Ausbildung von Luzerneknöllchen
399	Horst Kleinkauf, Berlin	Enzymatische Synthese biologisch aktiver Antibiotikapeptide und immunologisch suppressiver Cyclosporinderivate
	Helmut Sies, Düsseldorf	Reaktive Sauerstoffspezies: Prooxidantien und Antioxidantien in Biologie und Medizin
400	Herbert Gleiter, Saarbrücken	Nanostrukturierte Materialien
	Hans Lüth, Jülich	Halbleiterheterostrukturen: Große Möglichkeiten für die Mikroelektronik und die Grundlagenforschung
401	Gerhard Heimann, Aachen	Medikamentöse Therapie im Kindesalter
	Egon Macher, Münster/Westf.	Die Haut als immunologisch aktives Organ
402	Konstantin-Alexander Hossmann, Köln	Mechanismen der ischämischen Hirnschädigung
	Herrmann M. Bolt, Dortmund	Zur Voraussagbarkeit toxikologischer Wirkungen: Kanzerogenität von Alkenen
403	Volker Weidemann, Kiel	Endstadien der Sternentwicklung
	Alfred Müller, Erlangen	Quantenmechanische Rotationsanregungen in Kristallen
404	Matthias Kreck, Mainz	Positive Krümmung und Topologie

ABHANDLUNGEN

Band Nr.

68	Wolfgang Ehrhardt, Athen	Das Akademische Kunstmuseum der Universität Bonn unter der Direktion von Friedrich Gottlieb Welcker und Otto Jahn
69	Walther Heissig, Bonn	Geser-Studien. Untersuchungen zu den Erzählstoffen in den „neuen" Kapiteln des mongolischen Geser-Zyklus
70	Werner H. Hauss, Münster Robert W. Wissler, Chicago	Second Münster International Arteriosclerosis Symposium: Clinical Implications of Recent Research Results in Arteriosclerosis
71	Elmar Edel, Bonn	Die Inschriften der Grabfronten der Siut-Gräber in Mittelägypten aus der Herakleopolitenzeit
72	(Sammelband)	Studien zur Ethnogenese
	Wilhelm E. Mühlmann	Ethnogonie und Ethnogonese
	Walter Heissig	Ethnische Gruppenbildung in Zentralasien im Licht mündlicher und schriftlicher Überlieferung
	Karl J. Narr	Kulturelle Vereinheitlichung und sprachliche Zersplitterung: Ein Beispiel aus dem Südwesten der Vereinigten Staaten
	Harald von Petrikovits	Fragen der Ethnogenese aus der Sicht der römischen Archäologie
	Jürgen Untermann	Ursprache und historische Realität. Der Beitrag der Indogermanistik zu Fragen der Ethnogenese
	Ernst Risch	Die Ausbildung des Griechischen im 2. Jahrtausend v. Chr.
	Werner Conze	Ethnogenese und Nationsbildung – Ostmitteleuropa als Beispiel
73	Nikolaus Himmelmann, Bonn	Ideale Nacktheit
74	Alf Önnerfors, Köln	Willem Jordaens, Conflictus virtutum et viciorum. Mit Einleitung und Kommentar
75	Herbert Lepper, Aachen	Die Einheit der Wissenschaften: Der gescheiterte Versuch der Gründung einer „Rheinisch-Westfälischen Akademie der Wissenschaften" in den Jahren 1907 bis 1910
76	Werner H. Hauss, Münster Robert W. Wissler, Chicago Jörg Grünwald, Münster	Fourth Münster International Arteriosclerosis Symposium: Recent Advances in Arteriosclerosis Research
77	Elmar Edel, Bonn	Die ägyptisch-hethitische Korrespondenz (2 Bände)
78	(Sammelband)	Studien zur Ethnogenese, Band 2
	Rüdiger Schott	Die Ethnogenese von Völkern in Afrika
	Siegfried Herrmann	Israels Frühgeschichte im Spannungsfeld neuer Hypothesen
	Jaroslav Šašel	Der Ostalpenbereich zwischen 550 und 650 n. Chr.
	András Róna-Tas	Ethnogenese und Staatsgründung. Die türkische Komponente bei der Ethnogenese des Ungartums
	Register zu den Bänden 1 (Abh 72) und 2 (Abh 78)	
79	Hans-Joachim Klimkeit, Bonn	Hymnen und Gebete der Religion des Lichts. Iranische und türkische Texte der Manichäer Zentralasiens
80	Friedrich Scholz, Münster	Die Literaturen des Baltikums. Ihre Entstehung und Entwicklung
81	Walter Mettmann, Münster (Hrsg.)	Alfonso de Valladolid, Ofrenda de Zelos und Libro de la Ley
82	Werner H. Hauss, Münster Robert W. Wissler, Chicago H.-J. Bauch, Münster	Fifth Münster International Arteriosclerosis Symposium: Modern Aspects of the Pathogenesis of Arteriosclerosis
83	Karin Metzler, Frank Simon, Bochum	Ariana et Athanasiana. Studien zur Überlieferung und zu philologischen Problemen der Werke des Athanasius von Alexandrien.
84	Siegfried Reiter / Rudolf Kassel, Köln	Friedrich August Wolf. Ein Leben in Briefen. Ergänzungsband, I: Die Texte; II: Die Erläuterungen
85	Walther Heissig, Bonn	Heldenmärchen versus Heldenepos? Strukturelle Fragen zur Entwicklung altaischer Heldenmärchen
86	Hans Rothe, Bonn	Die Schlucht. Ivan Gontscharov und der „Realismus" nach Turgenev und vor Dostojevski (1849–1869)
87	Werner H. Hauss, Münster Robert W. Wissler, Chicago H.-J. Bauch, Münster	Sixth Münster International Arteriosclerosis Symposium: New Aspects of Metabolism and Behaviour of Mesenchymal Cells during the Pathogenesis of Arteriosclerosis
88	Peter Zieme, Berlin	Religion und Gesellschaft im Uigurischen Königreich von Qočo
89	Karl H. Menges, Wien	Drei Schamanengesänge der Ewenki-Tungusen Nord-Sibiriens

Sonderreihe PAPYROLOGICA COLONIENSIA

Vol. V: *Angelo Geißen, Köln* *Wolfram Weiser, Köln*	Katalog Alexandrinischer Kaisermünzen der Sammlung des Instituts für Altertumskunde der Universität zu Köln Band 1: Augustus-Trajan (Nr. 1–740) Band 2: Hadrian-Antoninus Pius (Nr. 741–1994) Band 3: Marc Aurel-Gallienus (Nr. 1995–3014) Band 4: Claudius Gothicus – Domitius Domitianus, Gau-Prägungen, Anonyme Prägungen, Nachträge, Imitationen, Bleimünzen (Nr. 3015–3627) Band 5: Indices zu den Bänden 1 bis 4
Vol. VI: *J. David Thomas, Durham*	The epistrategos in Ptolemaic and Roman Egypt Part 1: The Ptolemaic epistrategos Part 2: The Roman epistrategos
Vol. VII	Kölner Papyri (P. Köln)
Bärbel Kramer und Robert Hübner (Bearb.), Köln	Band 1
Bärbel Kramer und Dieter Hagedorn (Bearb.), Köln	Band 2
Bärbel Kramer, Michael Erler, Dieter Hagedorn und Robert Hübner (Bearb.), Köln	Band 3
Bärbel Kramer, Cornelia Römer und Dieter Hagedorn (Bearb.), Köln	Band 4
Michael Gronewald, Klaus Maresch und Wolfgang Schäfer (Bearb.), Köln	Band 5
Michael Gronewald, Bärbel Kramer, Klaus Maresch, Maryline Parca und Cornelia Römer (Bearb.)	Band 6
Michael Gronewald, Klaus Maresch (Bearb.), Köln	Band 7
Vol. VIII: *Sayed Omar (Bearb.), Kairo*	Das Archiv des Soterichos (P. Soterichos)
Vol. IX *Dieter Kurth, Heinz-Josef Thissen und Manfred Weber (Bearb.), Köln*	Kölner ägyptische Papyri (P. Köln ägypt.) Band 1
Vol. X: *Jeffrey S. Rusten, Cambridge, Mass.*	Dionysius Scytobrachion
Vol. XI: *Wolfram Weiser, Köln*	Katalog der Bithynischen Münzen der Sammlung des Instituts für Altertumskunde der Universität zu Köln Band 1: Nikaia. Mit einer Untersuchung der Prägesysteme und Gegenstempel
Vol. XII: *Colette Sirat, Paris u. a.*	La *Ketouba* de Cologne. Un contrat de mariage juif à Antinoopolis
Vol. XIII: *Peter Frisch, Köln*	Zehn agonistische Papyri
Vol. XIV: *Ludwig Koenen, Ann Arbor* *Cornelia Römer (Bearb.), Köln*	Der Kölner Mani-Kodex. Über das Werden seines Leibes. Kritische Edition mit Übersetzung.
Vol. XV: *Jaakko Frösen, Helsinki/Athen* *Dieter Hagedorn, Heidelberg (Bearb.))*	Die verkohlten Papyri aus Bubastos (P. Bub.) Band 1
Vol. XVI: *Robert W. Daniel, Köln* *Franco Maltomini, Pisa (Bearb.)*	Supplementum Magicum Band 1 Band 2
Vol. XVII: *Reinhold Merkelbach,* *Maria Totti (Bearb.), Köln*	Abrasax. Ausgewählte Papyri religiösen und magischen Inhalts Band 1 und Band 2: Gebete Band 3: Zwei griechisch-ägyptische Weihezeremonien
Vol. XVIII: *Klaus Maresch, Köln* *Zola M. Packmann, Pietermaritzburg, Natal (eds.)*	Papyri from the Washington University Collection, St. Louis, Missouri
Vol. XIX: *Robert W. Daniel, Köln (ed.)*	Two Greek Papyri in the National Museum of Antiquities in Leiden
Vol. XX: *Erika Zwierlein-Diehl, Bonn (Bearb.)*	Magische Amulette und andere Gemmen des Instituts für Altertumskunde der Universität zu Köln
Vol. XXI: *Klaus Maresch, Köln*	Nomisma und Nomismatia. Beiträge zur Geldgeschichte Ägyptens im 6. Jahrhundert n. Chr.

MIX
Papier aus verantwortungsvollen Quellen
Paper from responsible sources
FSC® C105338

If you have any concerns about our products,
you can contact us on
ProductSafety@springernature.com

In case Publisher is established outside the EU,
the EU authorized representative is:
**Springer Nature Customer Service Center GmbH
Europaplatz 3, 69115 Heidelberg, Germany**

Printed by Libri Plureos GmbH
in Hamburg, Germany